實用流體力學

FLUID MECHANICS

顏清連/著

五南圖書出版公司 印行

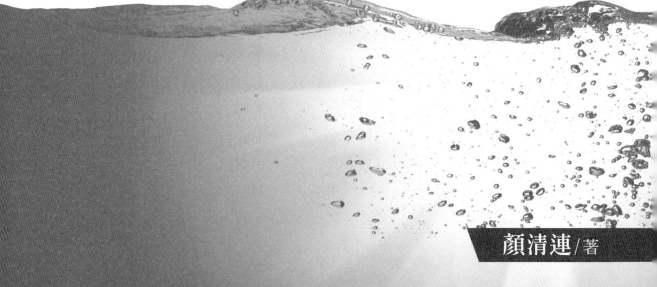

序　言

　　由於流體運動的學理在工程領域應用甚爲廣泛，大學裡相關系所都開授各種
流體力學課程。筆者從講授此類課程近四十年的經驗中深刻感受到，同學們雖大
多能在給定的簡單流況之下，運用既有公式計算獲得答案，但往往不甚了解答案
背後的物理意義；流況較爲複雜者，當然就更不易了解。在實務應用上，對於複
雜流況的了解與掌握，可採傳統的物理模型（物模）試驗觀測或近代的數值模式
（數模）模擬分析，取得必要的數據與資訊，再藉由物理觀念嚴謹檢視其結果之
合理性及可靠性。因此在教學上特別強調從物理觀念去了解流體運動的各種現
象，並多與同學們互相討論以求激發教學效果。惟自教職退休之後常覺可惜不再
有這種教學相長的機會，乃於 2007 年起著手斷斷續續地將歷年授課材料整理形
成本書內容，重點在於運用物理觀念去詮釋流體力學理論推導及試驗觀測結果的
意義，期能對讀者有所助益。

　　本書共分九章，依序爲流體運動基本觀念、壓力與流體運動、重力效應、黏
性效應、動量與能量原理、管道流、明渠流、流力機械、以及可壓縮性效應。第
一章簡要敘明流線、流速、流網、流場等的定義，並將之與流線管、流量、加速
度、渦度、環流量等基本觀念作連結；且介紹流體基本物性，以便後續各章探討
流體運動與驅動力、阻力等作用力之間的關係。第二、三及四章分別討論流場中
的壓差、重力及黏剪力等基本作用力如何影響流體運動行爲，並闡明流場變化與
作用力之間的關係。第五章討論流場在控制體範圍內，動量通量及能量通量變化
與總作用力及總作功率的關係。第六、七及八章探討如何利用前述各章的基本原
理去詮釋管道流、明渠流及流力機械等有關的複雜運動現象，並進而分析、解決
實務應用上的問題。最後第九章則討論因流體可壓縮性而導致的流體密度及壓力
變化對流場的影響。

　　由於早年（1963-66）曾受教於恩師陸奧斯（H. Rouse）教授門下，筆者腦
海中的許多基本觀念源自恩師，因而亦多在本書中呈現，藉以表達感念與崇敬之

意。在漫長的撰稿期間，承蒙台大水工所歷屆主任譚義績教授、黃良雄教授、劉格非教授提供許多支援、技正（退休）何興亞博士多次幫忙仔細校稿並提出許多寶貴的修正意見、行政助理劉淑慧小姐不厭其煩地協助稿件打字及修改工作、助理楊大宇先生幫忙繪圖，特在此一併致上誠摯的謝意，並將此書版權收益奉獻給台大水工所。

　　退休生活本應步調緩慢並多陪伴家人，然為完成此書卻還沒能做這點，頗感歉疚。承蒙內人林　峰女士多所體諒與支持，亦在此致上最高的謝意。

顏清連 謹識

2014.11

目　次

第一章　流體運動基本觀念

1.1 流速與流場

在日常生活中，人們可以在許多地方很容易觀察到流體運動的現象，諸如從水龍頭流出來的水、河川裡流動的河水、下雨時路面及邊溝流動的雨水，或者天空中移動的白雲、吸菸者吐出來的煙。水或空氣的流動之所以能被人們察覺到，是因為水體或氣體中摻入了雜質或水面的波動。對這些現象的觀察，觀察者可選擇在固定區域觀看流體運動的趨勢，或跟著特定的少部份雜質沿途觀察其運動情況。

對於想要對流體運動作較深入探討者而言，嚴謹而且有系統的觀察與紀錄就必須事先安排。例如實驗室中常用的方式是在流體中加入一些發亮的細微鋁粉顆粒，以便用肉眼觀察或拍照，再據以描繪在某一區域內流動方向的一系列線條；這或許會讓人覺得有某種程度的隨意或不確定性。不過，這些代表流動方向的線條必須完全符合力學原理，也就是本章的主要課題。

1. 流速

雖然流體運動的定量描述可以如同固體運動一樣來表達，但是固體運動一般只須觀察整體的速度就足夠，而流體運動卻會因觀測地點不同而截然不同。不過，在任何一點的流體速度（以下簡稱流速）可以完全定義該點的瞬間運動情況，包含速率及方向，例如每秒 3 公尺、向東。這也就是說流速是具有大小及方向的向量。由於向量的特性，流速可以分解成多個方向的分量，稱為分流速。相反地，在一特定點的多個分流速可以用向量合成為合流速；這樣的合成步驟對於相對運動的問題至關重要。例如對行進中汽車內的觀察者而言，車外相對於移動車身上一個定點的空氣就有一定的速率與方向；而該點的空氣實際速度則為其相對於車身的速度與車身實際速度（相對於地面）的向量和，如圖 1.1 所示。多個向量相加的最方便方式是將個別向量分解成沿直角座標軸的分量，分別相加後，再合成為合速度。

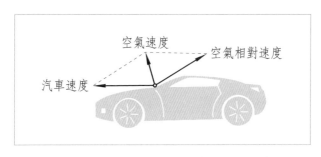

圖 1.1　流體相對運動之速度向量關係

2. 流線

在試驗水槽中流動的水加入少許會發亮的鋁粉顆粒後連續拍攝一系列的照片，在這些照片中大致可粗略地描繪出一些定點的流速向量。如果對這樣的流速圖像要求很完整，則必須在許許多多的定點都有流速向量的描繪，但是這麼一來圖面上就會變成非常複雜零亂。一個可以克服這種困難的作法就是有秩序地繪製一組曲線，使得任何一瞬間在每一條線上各個點的流速向量與該線相切，如圖 1.2 所示。每一條符合這種要求的曲線就是流線。

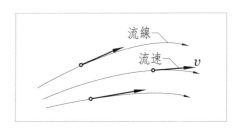

圖 1.2　流線及流速向量

換言之，流線可以定義為：流體流經區域中的一條曲線，其上各點的切線方向可以展現各該點的流體瞬間流速向量。由此定義可以延伸出一個結論：流體不會跨越流線，也就是說在流線上任何一點法線方向的分流速為 0。一般而言，由於空間上各點流速並不相同，任一瞬間的一組流線大都以輻合狀或輻散狀呈現；在特定條件下，例如平直的水管中，流線之間可以是互相平行的直線。不論如何，只要一個區域的流線形態能夠充分展現，則任何位置的流向就可以一目瞭然，而不必在流場上描繪流速方向。至於流速的大小，亦可以由流線的相對間隔疏密來決定。

3. 流場

整體來看流體是一種連續體；然而細部來看，它是由許許多多流體質點（分子）所組合而成的。在任何一個指定時刻 t 由於運動的關係，流體質點的物性（如密度、黏性等）或流性（如流速、壓力、剪力、加速度等）會因空間位置不同而有變化，也就是說這些物性或流性可以表成空間座標 x、y 及 z 的函數，例如在某一個指定的空間範圍（稱爲場域，field）用 $v(x,y,z)$ 來代表其流速的空間變化，在這場域的 $v(x, y, z)$ 稱爲速度場；在指定 z_1 座標值的 x-y 平面上，速度場爲 $v(x, y, z_1)$，若此速度場不隨不同 z_1 值而變，則成爲二維速度場，如圖 1.3 所示。在另外一個時間 $t + \Delta t$ 同一個場域的速度場可能和前一個時間 t 的速度場一樣，也可能不一樣；不隨時間改變的流場叫做恆定流，隨時間改變的流場叫做非恆定流。

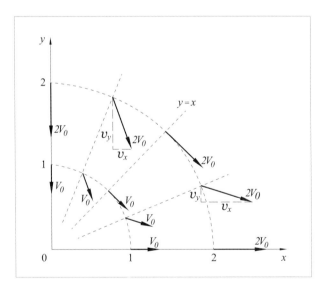

圖 1.3 沿 90° 角落流動之二維速度場 $v(x, y)$

同樣地，代表其他物性或流性的空間變化就稱爲密度場、壓力場 … 等；場域中的流體物性及流性的空間變化統稱爲流場。事實上，如果速度場爲已知，則經由流體力學的各種原理與方法，可以求解物性或其他流性的空間分布，故有時候速度場也被認爲代表了流場，也就是說流場等同速度場。

4. 徑線、煙線與時線

流線所呈現的流場是代表瞬間的流況，而對眞實流況的充分掌握常有賴於試驗室或現場的試驗及觀測。基於這樣的需要，除對流線的了解與掌握之外，也必須對與流線密切相關的徑線、煙線以及時線有所了解，以利流場之試驗及觀測。

(1) 徑線

流場中某特定流體質點運動過程中在不同時間所經過位置的連線，也就是其所經歷的路徑，叫做徑線。這種以特定質點爲對象，追蹤觀察其運動的方式稱爲拉格朗其觀點（Lagrangian viewpoint）。

在恆定流情況下，由於流線不隨時間改變，一個指定質點就會沿著同一條流線移動，因此徑線是與流線吻合一致的。在非恆定流情況下，徑線與流線就不相同了。例如在 $t = 0$ 時，流體質點以流速 $v = 1$ 公尺／秒（m/s）向右移動，經歷 1 秒鐘（s）之後向左轉 45°，再經 1 s 之後再向左轉 45°，最後到 $t = 3\ s$ 時，該質點所經歷的徑線爲一條有二個轉折點的折線，如圖 1.4 所示虛線 0-1-2-3。這條折線與三個時段的個別流線有很明顯的差異，其起點、二折點及終點分別代表該流體質點於 $t = 0, 1, 2, 3\ s$ 時所在的位置。

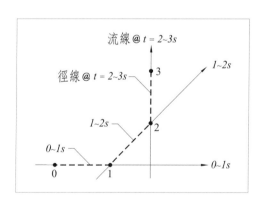

圖 1.4　非恒定流質點之徑線案例

(2) 煙線

經由流場中某一指定位置每隔一小段時間 Δt 釋放出一個流體質點，之後在某一時間 t 將各個被釋放質點所在位置連結成一線就是煙線。

在恆定流情況下，由同一個指定位置在不同時間釋放的質點都會沿著同一條流線移動，因此經過該指定位置的煙線與流線是吻合一致的，而且其中每一個流體質點的煙線與徑線也是吻合一致的。在非恆定流的情況下，煙線與流線就不相同了；當然也與各質點的徑線相異。

由上述用以說明徑線的同一個例子來看，在流場隨時間而變的條件下，由指定位置 A 陸續釋放出來的流體質點在 $t = 3\,s$ 時的煙線也是由三段直線所構成，如圖 1.5 之虛線 $c_2 c_3 b_3 a_3$ 所示，其中起點、二折點與終點分別代表在 $t = 3, 2, 1, 0\,s$ 釋放的流體質點所在位置；這條煙線與圖 1.4 所示的徑線是顯然不同的。在 $t = 2s$ 及 $1s$ 的煙線分別為圖中之 $b_1 b_2 a_2$ 及 $a_0 a_1$。

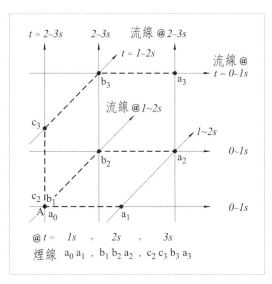

圖 1.5　非恆定流質點之煙線案例

(3) 時線

於流場中，一條通過指定位置而與諸流線成正交的法線，其上各交點同時分別釋放出一個流體質點，歷經一段時間 $\Delta t = 1s$ 後，這些質點所在位置的連線就是時線。隨著時間增加，此時線就會往下游移動至對應於 $t = 2\Delta t$、$3\Delta t \cdots n\Delta t$ 的新位置，這也就是說每到一個新位置標示了所經歷的時間 $n\Delta t$，所以時線又叫做時標線（time-marking line）。當 $t = 1s$ 時，時線即為該等質點釋放位置的流速剖線。如果每隔一個時段 Δt 同時都在各個交點處分別釋出一個質點，就會形成多條時線，如圖 1.6 所示，分別代表 $n = 1$、2、3、$4 \cdots$ 的時線。

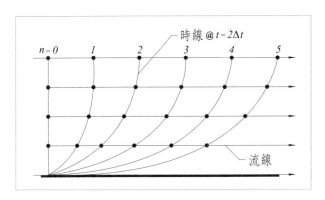

圖 1.6　恒定均勻流之時線案例

1.2 連續原理

1. 流線管

依照第 1.1 節所述流線的定義來看，若由緊鄰的許多流線構成一個曲面，則在這曲面上任何一點的流體質點都不可能穿過這個曲面，因為該質點的速度沒有法線方向的分量。現在更進一步將這個曲面圍繞成一個管子，流場的一部份空間就會被劃入管中；這個虛擬的管子稱為流線管，如圖 1.7 所示。如果這個流線管的斷面積很小，則斷面中心點位置的流速就可以代表整個斷的平均流速的方向及大小。因此，以微分的概念來看，在一微小面積 dA（如圖 1.7 陰影部分）與其上的平均流速 v 的乘積就是在單位時間內通過該斷面的流體體積，稱為流量 dQ，亦即：

$$dQ = v dA \tag{1-1}$$

其中 dA 是取與 v 向量成正交的斷面為準。

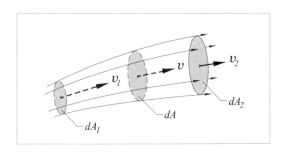

圖 1.7　流線管中之流速變化

2. 連續方程式

由於沒有流體可以穿過流線管的表面，在恆定流情況下，如果流體既不壓縮亦不膨脹，則從質量守恆的原理來看，單位時間通過流線管任何相鄰二斷面的流量必須是相等的。換句話說，單位時間通過某一段面的質量同時與其他每一個斷面者皆相等。因此，若質量密度不變，則在任一指定時刻通過流線管中各個斷面的流量皆相同。這個基本原理稱為連續方程式，即：

$$vdA = v_1 dA_1 = v_2 dA_2 = \cdots \tag{1-2}$$

就式（1-1）及（1-2）來看，其中的斷面積是以微分方式表示，但不論是計算分析或圖形呈現，dA 都難以達到極微小的程度。因此，實際上只能說是近似而已，不過在流線曲率及斷面上流速變化都不大的情況下，其所涉及的誤差並不大。另外，流線及流線管概念並沒提到流體運動常會出現的紊流現象。雖然在紊流情況下，這二個概念仍然可以適用，但是整個速度場會變成複雜到難以處理的地步；因此，當紊流出現時，習慣上連續方程式是以時間平均流場的方式來呈現（詳第四章）。

3. 總流量

一旦與流線管成正交的斷面上的流速分布為已知，則通過該斷面的總流量 Q 可由式（1-1）對 dA 積分求得，即：

$$Q = \int_A vdA \tag{1-3}$$

上式中 Q 的單位在公制體系為 m^3/s。如果 v 的空間分布能以代數式表示，則可進行積分而得到解析解；否則，就必須以數值方式進行積分，即 $Q = \Sigma v \Delta A$。如果 v 在 A 上面是均勻分布的，則總流量當然就可以由 v 直接乘以 A 而得。將總流量 Q 除總斷面積 A 就是該斷面的平均流速 V，即：

$$V = \frac{Q}{A} \tag{1-4}$$

在 Q 給定的情況下，式（1-4）顯然地表明了平均流速與斷面大小成反比。事實上，將式（1-2）在各個斷面積分後，再與式（1-4）結合，可得：

$$Q = VA = V_1 A_1 = V_2 A_2 = \cdots \tag{1-5}$$

在實際應用時，一定要注意到只有當各個斷面是由同一組流線所圍繞而成的流線管中，式（1-2）及（1-5）才能適用。

4. 二維流

在某些特殊情況下，例如在非常寬廣的二塊板（其一為平板，另一為部分彎曲板）之間的流場，流速只有二個座標 (x, y) 方向的分量，而在第三個方向 z 的分量為 0，故稱為二維流，如圖 1.8 所示。在這樣的流場中，與 z 軸成正交的各個 x-y 平面上所展現的流線形態完全相同，其中任何二條相鄰流線就構成一個微小的二維流線管，如圖 1.8 陰影部分。如果在 z 方向取單位寬度（以下簡稱單寬），則此單寬微小流線管的斷面積為 1 乘以此二流線的間距離 dn。因此微小流管的單寬流量為 $dq = vdn$；其中 dq 的單位為 m^2/s。對應於式（1-2）的二維連續方程式為：

$$vdn = v_1 dn_1 = v_2 dn_2 = \cdots \tag{1-6}$$

同樣地，如果在任一斷面上 v 的分布若為已知，則可對式（1-6）進行積分而得到與式（1-4）及（1-5）類似的關係式，其不同之處僅是以 q 與 Δn 分別替代 Q 與 A 而已。

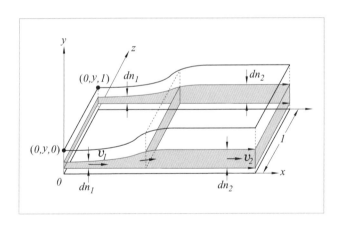

圖 1.8　微小二維流線管示意圖

流場上的流線形態給定時，式（1-6）可以應用於分析流速沿著微小流線管的變化情形。例如一個由試驗室觀測而得二維擴張流場的流線形態如圖 1.9 所示，其上游斷面①的二條流線間距為 Δn_1、平均流速為 V_1，而下游段面②的間隔為 Δn_2，則其平均流速 V_2 為：

$$V_2 = V_1 \frac{\Delta n_1}{\Delta n_2} \tag{1-7}$$

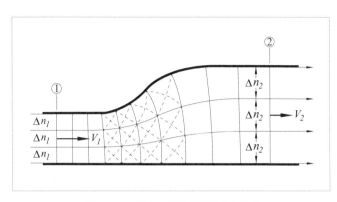

圖 1.9　二維擴張流場之流網

其實上式亦可用於分析不同的流線之間的流速變化情形，但必須在相同 Δq 值的條件下才可以。要滿足這個條件必須在已知流速分布的斷面事先注意在劃分流線管時，讓每一個流線管的 Δq 值相同。如果斷面上的流速分布是均勻的，則只要使相鄰二流線的間距相等即可；否則，間距就必須與其間的平均流速成反比。

在上、下游兩斷面的流速分布為已知的情況下，二者之間的區域流場變化分析就有賴於繪入正確的流線組；每一條流線必須滿足流線的定義，同時必須維持每個流線管的流量均相等。

1.3 流網

1. 基本原理

如上所述，當流線形態給定時，藉由式（1-7）就可求得速度場，接下來就是要尋求一個決定流線形態的方法。顯然在試驗室施放肉眼可以看得見的染料、煙霧 … 等介質，是一種肯定可行的方法。不過，在許多種情況下，應用一些古典水動力學基本理論（不考慮黏性效應）的簡單圖解法或許更有效率。事實上，由於這些理論具體呈現一個可不必依賴在試驗室或現場觀測而能夠求得近似流線形態的手段，因此其圖解法值得重視。

在二維流的情況下，這種代表數學分析的圖解法叫做流網法。簡單地說：流網是由一組流線及一組法線所組成的格網；法線必須與所有流線成正交，通過各個相鄰二流線間的 Δq 必須相同，而且任一網格的二法線間距 Δs 必須與該網格的流線間距 Δn 相等。因此，式（1-7）可改寫成：

$$\frac{V_2}{V_1} = \frac{\Delta n_1}{\Delta n_2} = \frac{\Delta s_1}{\Delta s_2} \tag{1-8}$$

圖 1.10 所示在二個平行的固定邊界的流網為一系列的正方形網格，顯然各個空間位置的流速都是相同的。因此，在 A 位置的流體元素移到 B 位置時，其形狀及方向維持不變。

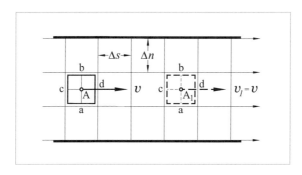

圖 1.10　二維平行板間之流網

　　圖 1.11 所示為二個固定邊界間的斷面沿著下游方向逐漸擴大的扇狀流場，雖然網格的形狀無法維持真正的正方形，但若每一網格內的二條對角線是相等而且互相正交的，同時二條中心線也是如此，則可認為各該網格基本上仍為正方形。

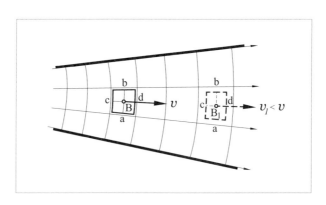

圖 1.11　二維擴張平板間之流網

由圖 1.11 可知，沿著任一條流線上的流速漸減但方向不變，因此在 B 位置的流體元素移到 B_1 時，就會有縱向壓縮側向擴張的結果；在同一條法線上各點的速率相等，方向雖各不相同，但在移動過程中卻各自維持其方向不變。

2. 非旋流與旋轉流

構成流網的流線形態主要特性是水動力學上所謂的非旋流，其定義為流場中的每一個流體元素，對於其質量中心的角速度為 0。圖 1.10 所示流場中，由於任一個元素 A 移動至 A_1 時，其二條中線 ab 及 cd 的方向維持不變；圖 1.11 中的 B 移至 B_1 時，元素形狀顯然有了變化，但二條中心線的方向卻仍維持不變。換言之，元素 A 及 B 在移動過程中沒有發生旋轉現象。因此，在流場中沒有任何流體元素發生旋轉現象的流體運動叫做非旋流。

相反地，在流線為互相平行直線的情況下，如果流速隨著距固體邊界的距離而逐漸增加[1]，則任一流體元素的上、下兩面的流速不同，經過一段時間 Δt 移動至新的位置之後，因上、下兩面有相對速度而致該元素發生角變形，如圖 1.12 所示，其中一條中線 ef 的方向有了改變，而另一條中線 gh 的方向維持不變。就整個流體元素而言，它明顯地發生了旋轉。這種具有旋轉現象的流體運動叫做旋轉流。

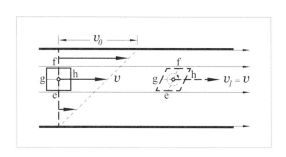

圖 1.12　二維平行板間旋轉流之流場

在上述旋轉流的情況下，如果流線間距的安排也一樣使得每條流線管的流量 Δq 相等，則各相鄰二流線的間隔不相等，因而繪入一組法線使每一個網格皆為

---

[1] 黏性流體才會有此種現象（詳第四章）。

正方形所要求的條件是無法滿足的。換言之，在黏性流體所形成之旋轉流的流場中，流網是不可能存在的，而只有在無黏性之理想流體的流場中才會有流網。

3. 流網之建構

　　如上所述，流網必須是非旋流才能存在，雖然實際的流體都有黏性，但是在許多情況下黏性效應是相對輕微而可以忽略不計。因此，流網建構對流場分析仍具有一定的實用價值。

　　邊界幾何形狀較簡單的非旋流理論解析解早已發展相當完備；而邊界幾何形狀複雜的流網分析應用，在電腦還未出現的年代常需依賴人工繪製流網。如今，雖然可經由電腦運算繪製流網、分析流場的各種數值模式也已廣泛應用，但從事實務或研究的工作者在現場或試驗室有時仍會遇到一些亟待解決的流場問題。此時若能描繪合適的流網即可快速地解決問題。描繪流網的要點如下：

(1) 極限流線必須與固定邊界吻合，而在其所界定的範圍內僅有一個流網。

(2) 組成此一流網之流線與法線必須互相正交，每一網格近似正方形。

(3) 先繪流線再繪法線，檢查每一個交點及每一網格，若未能滿足上述第 (2) 點的要求，則重繪流網至滿意為止。

(4) 除非流線為平行直線，否則完美的正方形網格是不可能的。

(5) 若網格二對角線成正交且二中線亦成正交，則該網格可視同完美的正方形；各條對角線亦構成一組正交格網，如圖 1.9 之虛線部分所示。

(6) 初學繪製流網者必須經歷多次磨練，讓肉眼習慣於正確流網形態，才能駕輕就熟。

4. 流網之解讀

　　流網建構完成之後就會呈現出一幅流場網格大小不同的圖像。由於在繪製流網時，已經設定相鄰二流線間的流量 Δq 為定值。因此，網格大小即代表流速在空間上的變化，這也就是說從正確的流網就可以正確解讀流況。以下為解讀的要點：

(1) 最小網格位於偏離流場的固定邊界區段曲率最大處附近，而最大網格則在偏向流場的固定邊界區段曲率最小處附近。

(2) 最大流速就在最小網格處，而最小流速則在最大網格處。

(3) 就邊界偏離流場的情況而言，曲率大的區段的網格由大變小再變大，如圖 1.13 所示；因此邊界轉彎處附近沿程流速由小變大再變小。

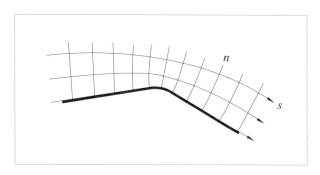

圖 1.13　邊界偏離流場之網格變化

(4) 若偏離流場的邊界彎曲段縮小範圍成為近似一個轉折點，則其曲率趨近於無窮大、網格大小趨近於 0；於是流速趨近於無窮大，但這種狀況在物理上是不可能的。

(5) 就邊界偏向流場的情況而言，曲率大的區段的網格由小變大再變小，如圖 1.14 所示；因此邊界轉彎處附近沿程流速由大變小再變大。

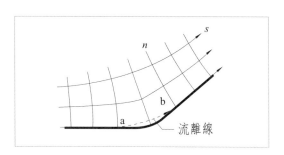

圖 1.14　邊界偏向流場之網格變化及流離

(6) 若偏向流場的邊界彎曲段縮小範圍成為近似一個轉折點，則該點的曲率變成很大，且網格亦相對地變成很大，因而形成一個流速趨近於0的滯點。

5. 流離現象

由於非旋流理論求解流網的過程是先將流場的邊界設定為流線，因此可以說流場中的流線形態及流速分布受到了邊界形狀的決定性影響，尤其是在邊界附近更是如此。如上所述，在偏離流場的邊界轉折點附近的流網分析結果會出現物理上不可能存在的流速趨於無窮大的情況。這也就是說，在這種情況下，邊界上的流線無法緊貼著邊界而必須在轉折點離開而形成一條新的流線，以使得此一流線上不會有任何一點的曲率趨近無窮大、網格大小趨近於 0、流速趨近於無窮大的不合理結果。流線離開流場邊界的現象叫做流離現象，簡稱為流離（flow separation）。流線離開邊界的位置叫做流離點，其下游方向如有固定邊界，則分離的流線（以下簡稱為流離線）會在適當地點回到邊界上，這一點稱為流回點（reattachment point），如圖 1.15 所示。

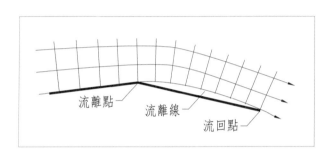

圖 1.15　邊界偏離流場引致流離

　　流網所呈現的是理想流體的流線形態，但真實流體是有黏性的，因此以流網作為流場分析的結果會被質疑。事實上，在黏性效應微弱的情況下，流網分析還是可以應用的。例如在流線受到固定邊界的侷限而急劇輻合的流場區域，沿流線方向的加速效應遠超過黏性效應的減速，因此依據流網分析流場的結果就會很接近真實流場的狀況。同樣地，遠離固定邊界的流場區域，因為黏性效應很微弱，亦常可發現流網分析結果是可以應用的。

　　在流線受到擴張邊界的影響而急劇輻散的流場區域，沿著流線方向減速，再加上相對較強的黏性減速效應，使得流場中的低流速區域擴大，因而流網所代表的流場就會與真實流場有較大的差異。尤其是在固定邊界附近黏性效應最強大的區域，若流體無法沿著流網所示的流線進一步減速，因而靠近固定邊界上的流線就會離開邊界，形成一條新的流線，例如圖 1.14 中在邊界彎曲段附近之 ab 線所示。在分離點下游附近沿流離線的網格較原有者為小、流速較大，使流體元素可以繼續往下游前進；此一流離線也會在稍後的下游部位回到邊界上。這種情況下的流離現象，在流離點與流回點之間的流離線與固定邊界所圍成的區域中，流速接近於 0。

依以上所述二種可能發生的流離現象來看，雖然造成的原因不完全相同，但都與流場邊界的轉折點有關。因此，如果能夠把邊界儘量做成平順而使曲率較小的形狀，就可以降低流離現象發生的機會。例如大管子與小管子或寬渠道與窄渠道的銜接處常見的設計是加入一個漸變段，使邊界變化圓滑平順而且斷面積緩慢增加或減少。這種設計就是要避免流離現象。

有關流離現象所引發的課題，如流離區迴流能量損失、流場的振盪、通流斷面積縮減 … 等，所涉及範圍甚為廣泛，將會在本書後續各章節討論。不過，在進一步討論之前，以下數項有關流網特性的要點值得再次提醒：

(1) 在流場中，上游平行流部位的流速愈均勻，且下游部位的邊界侷限使流線輻合愈急劇，流網所代表的流場愈與實際流場相近。
(2) 只要在固定邊界附近的流線沒有太嚴重的輻散，流網所代表流場亦與實際流場相近。
(3) 若在固定邊界附近之流線輻散情況嚴重而致發生流離，則流網分析無法決定邊界附近區域的流速分布。
(4) 由於流離現象會導致流場能量損失，邊界形狀設計應能使流網所代表的流場與實際相近，以減少能量損失。

1.4. 渦度與環流量

1. 渦度

前一節所述旋轉流是因流體元素上、下兩點的 x 方向流速分量有差異 $\delta v_x = (\partial v_x/\partial y)\delta y$，而導致其在 y 方向的中線經過微小時間段 δt 之後產生角變量 $-\delta \theta_1 = -\delta v_x \delta t$，如圖 1.16(a) 所示（順時鐘方向為負），但在 x 方向的中線由於沒有 y 方向的流速差異，即 $\delta v_y = 0$，因而其角變量 $\delta \theta_2$ 為 0。在這種情況下，該元素的角變量為二者的平均值，因此其角變率 $\dot{\theta}_1$（單位時間角變量）為：

$$\dot{\theta}_1 = \frac{1}{2}\frac{(\delta \theta_1 + 0)}{\delta t} = -\frac{1}{2}\frac{\partial v_x}{\partial y} \tag{1-9}$$

同樣的道理，如果同一個流體元素的 y 方向流速分量在前後二點間亦有差異 δv_y，但 $\delta v_x = 0$，則 x 方向的中線角變率為 $\dot{\theta}_2 = (\partial v_y / \partial x)/2$，如圖 1.16(b) 所示。就流體元素整體而言，在 x-y 平面上的角變率為：

$$\dot{\theta}_z = \dot{\theta}_1 + \dot{\theta}_2 = \frac{1}{2}\left(\frac{\partial v_y}{\partial x} - \frac{\partial v_x}{\partial y}\right) = \frac{1}{2}\zeta \qquad (1\text{-}10)$$

式中 ζ(發音：zeta) 就是流體元素在 x-y 平面上繞著其中心點法線（平行於 z 軸）旋轉角變率的 2 倍，代表旋轉的強弱程度，稱為 z 方向的渦度分量。依此類推，

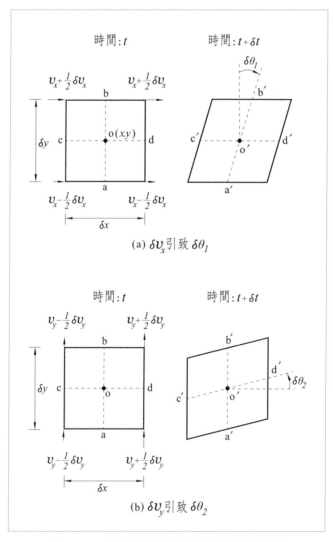

(a) δv_x 引致 $\delta \theta_1$

(b) δv_y 引致 $\delta \theta_2$

圖 1.16　流速變化引致流體元素角變形

在 y-z 及 z-x 平面上對應的 x 及 y 方向的角變率 $\dot{\theta}_x$ 及 $\dot{\theta}_y$ 分別爲：

$$\dot{\theta}_x = \frac{1}{2}\left(\frac{\partial v_z}{\partial y} - \frac{\partial v_y}{\partial z}\right) = \frac{1}{2}\xi \qquad (1\text{-}11)$$

$$\dot{\theta}_y = \frac{1}{2}\left(\frac{\partial v_x}{\partial z} - \frac{\partial v_z}{\partial x}\right) = \frac{1}{2}\eta \qquad (1\text{-}12)$$

其中 v_z 爲 z 方向的流速分量；ξ（發音：xi）及 η（發音：eta）分別爲 x 及 y 方向的渦度分量。

2. 渦流

一般而言，渦流是泛指流場中具有至少繞著某一個軸旋轉的速度場。在實際的流場中，到處都可以看到大大小小的渦流出現，但絕大部分都呈不規則狀態。在這裡簡要介紹三種基本的二維渦流，其一爲強制渦流，其二爲自由渦流，另一爲組合渦流：分別如圖 1.17(a)、(b) 及 (c) 所示，三者的流線都是同心圓。若採用 r-θ-z 座標系統，則強制渦流及自由渦流的流速分別爲 $v_\theta = r\omega$ 及 $v_\theta = C/r$；其中 v_θ 爲 θ 方向的分流速，r 爲流線曲率半徑，ω 爲強制渦流旋轉角速度，以及 C 爲參數值。同時，二者的 r 方向及 z 方向的分流速 $v_r = v_z = 0$。

在 r-θ-z 座標系統中，z 方向的渦度分量可表爲：

$$\zeta = \frac{1}{r}\left[\frac{\partial(rv_\theta)}{\partial r} - \frac{\partial v_r}{\partial \theta}\right] \qquad (1\text{-}13)$$

現將強制渦流的 v_r 及 v_θ 代入上式，可得 $\zeta = 2\omega$，即其渦度爲該強制渦流旋轉角速度 ω 的 2 倍；因其爲獨立於 r 及 θ，故此流場的渦度到處皆爲 2ω，包括 r = 0 的圓心也是。換言之，強制渦流的整個流場爲旋轉流。

同樣地，將自由渦流的 v_r 及 v_θ 代入式（1-13）可得：

$$\zeta = \frac{v_\theta}{r} + \frac{\partial v_\theta}{\partial r} = \frac{C}{r^2} - \frac{C}{r^2} = \frac{0}{r^2} \qquad (1\text{-}14)$$

由上式可知，除了 r = 0 的圓心之外，其他任一點渦度都爲 0（有關圓心這一點的渦度值將於下一個小節討論）。換言之，自由渦流的流場除了圓心以外，其他任何一個流體元素在 θ 方向的中線角變率 $v_\theta/r = C/r^2$，而 r 方向的中線角變率 $\partial v_\theta/\partial r = -C/r^2$；二者大小相等但方向相反（見圖 1.17(b)），故互相抵消而使該元素的渦

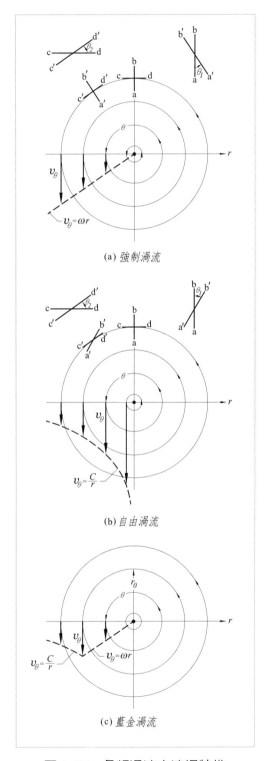

(a) 強制渦流

(b) 自由渦流

(c) 藍金渦流

圖 1.17　各類渦流之流場特性

度為 0。因此，除了圓心之外，自由渦流的整個流場為非旋流。

由於自由渦流 $v_\theta = C/r$，在 $r \to 0$ 附近 $v_\theta \to \infty$，而實際流場不可能存在這種狀況。同樣地，強制渦流在 $r \to \infty$ 附近 $v_\theta \to \infty$，實際流場也不可能有這種狀況。自然界的流體運動現象有許多渦流的流場在中心部位較接近強制渦流，而在外圍部位較接近自由渦流。這種由強制渦流與自由渦流所組合而成的渦流就是組合渦流，其流速分布如下：

$$v_\theta = \begin{cases} r\omega, & \text{當 } r \le r_0 \\ C/r, & \text{當 } r \ge r_0 \end{cases} \qquad (1\text{-}15)$$

其中 r_0 為二者的銜接半徑，必須滿足 $r_0\omega = C/r_0$ 的條件，亦即 $r_0 = \sqrt{C/\omega}$。這種組合渦流又稱為藍金渦流（Rankine vortex），如圖 1.17(c) 所示。

3. 環流量

環流量的定義是：沿著流場中一封閉曲線環繞一圈，如圖 1-18(a) 所示 cc 線，將線上各點的切向分流速 v_ℓ 乘以線段長度 $d\ell$ 後的積分結果，為該曲線所包圍面積上的環流量 Γ（發音：gamma），亦即：

$$\Gamma = \oint v_\ell \, d\ell \qquad (1\text{-}16)$$

上式中符號 $\oint$ 表示沿著 cc 曲線繞一圈回到起點的積分，稱為線積分。

現在將式（1-16）應用於自 cc 曲線所包圍的區域內取出二維流體元素，其斷面積為 $\Delta A = \Delta x \Delta y$、流速分布如圖 1-18(b) 所示。從該元素左下角開始沿其周邊反時鐘方向環繞一圈，逐段計算 $v_\ell \Delta \ell$ 值；流速方向與繞行方向相同者取正值，相反者取負值。然後各段累加結果就是該元素斷面積 ΔA 上的環流量 $\Delta \Gamma$，亦即：

$$\begin{aligned} \Delta \Gamma &= \left(v_x - \frac{1}{2} \Delta v_x \right) \Delta x + \left(v_y + \frac{1}{2} \Delta v_y \right) \Delta y - \left(v_x + \frac{1}{2} \Delta v_x \right) \Delta x \\ &- \left(v_y - \frac{1}{2} \Delta v_y \right) \Delta y = \left(\frac{\partial v_y}{\partial x} - \frac{\partial v_x}{\partial y} \right) \Delta A \end{aligned} \qquad (1\text{-}17)$$

當 $\Delta x \to 0$、$\Delta y \to 0$，因而 $\Delta A = \Delta x \Delta y \to 0$ 時，

$$\frac{d\Gamma}{dA} = \lim_{\substack{\Delta x \to 0 \\ \Delta y \to 0}} \frac{\Delta \Gamma}{\Delta A} = \frac{\partial v_y}{\partial x} - \frac{\partial v_x}{\partial y} = \zeta \qquad (1\text{-}18)$$

上式表明在 x-y 平面上，任一點 (x, y) 的環流量強度，為 z 方向渦度 ζ。因此，如果在面積 A 上的渦度分布為已知，就可由式（1-18）積分而求得環流量 Γ。其實，

積分就是把 cc 線所包圍區域內各個流體元素的 $\Delta\varGamma$ 累加；而在計算過程中，兩個相鄰元素的共同邊界，如圖 1.18(b) 中元素 0 及元素 1 的共同邊界 ab 會經過二次 $v_\ell\Delta\ell$ 值的計算，在元素 0 為正值而在元素 1 為負值。當這二個元素的 $\Delta\varGamma$ 累加時，ab 線上的部分正好互相抵消。同樣地，元素 0 周邊的其他元素 2、3 及 4 互相之間的各個共同邊界上的環流量也會互相抵消。依此類推下去，最後只剩下在 cc 線上那部分邊界未被抵消的環流量，亦即：

$$\varGamma = \int_A \zeta dA = \oint v_\ell d\ell \qquad （1\text{-}19）$$

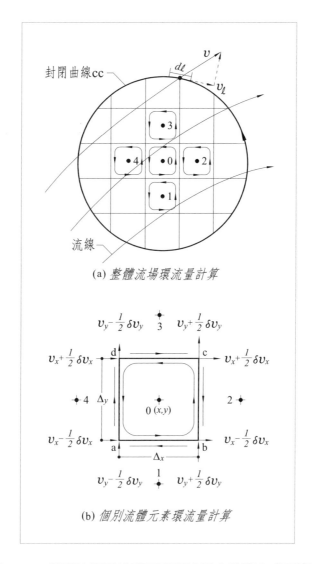

(a) *整體流場環流量計算*

(b) *個別流體元素環流量計算*

圖 1.18　整體流場及流體元素環流量之計算方式示意圖

進一步將式（1-19）應用到自由渦流 $v_\theta = C/r$，取任何一個半徑爲 r 的同心圓流線爲 cc 線，沿 cc 線積分可得：

$$\Gamma = \int_0^{2\pi} v_\theta r d\theta = \int_0^{2\pi} C d\theta = 2\pi C \qquad （1-20）$$

上式顯示在自由渦流的情況下，環流量 Γ 爲給定值 C 的 2π 倍，與 cc 線的半徑 r 無關。換言之，以 r_1 及 r_2 的兩個同心圓分別爲 cc 線，計算其環流量可以得到 $\Gamma_1 = \Gamma_2 = 2\pi C$。這個結果表明從 r_1 到 r_2 所增加的面積上並沒有增加 Γ 值，也就是說其間的每一個元素的渦度爲 0，但是 $r = 0$ 那點除外，這與前一小節的結果相符。

如果將 cc 線的半徑縮小到 $r \to 0$，則由式（1-18）可得：

$$\zeta = \lim_{r \to 0} \frac{\Delta \Gamma}{\Delta A} = \lim_{r \to 0} \frac{2\pi C}{\pi r^2} = \lim_{r \to 0} \frac{2C}{r^2} \to \infty$$

這結果表明在圓心（$r = 0$）的渦度爲無窮大，亦即自由渦流環流量 $\Gamma = 2\pi C$ 完全集中在圓心這點上。眞實流體的流場不可能有 $\zeta \to \infty$ 的情況存在，這再一次說明在眞實的世界僅能有近似自由渦流，而理論上的自由渦流只存在於數學中。

1.5 流體加速度

1. 流速之時空變化

一般來說，流體加速度是表示流速的變化率，而流場中流速則依流網的網格大小而變，當一個流體元素沿著流線方向在 Δt 時間內從網格較大的位置移動到網格較小的位置時就會有速度的增加。這種因爲空間位置的變動過程中，流體元素「感受」到的單位時間速度增量稱爲位變加速度。

由於流網中的流線是以在指定的時間點上來定義的，因此流網所代表的是在該指定時刻的流場。如果流場不隨時間而變動，則流場是恆定的。在恆定流的情況下，流場不隨時間而變，如果流線都是平行的直線而且間距相等，也就是說整個流網上的網格大小都是一樣的，則流速在空間上的分布是均勻的，亦即不會有位變加速度者，稱爲均勻流；反之，如果流線不是平行的直線，流速分布就會不均勻而有位變加速度，稱爲非均勻流。

如果流線隨著時間改變，則流網所代表的流場也隨著時間而變，即爲非恆定流。在非恆定流的情況下，任何一個指定地點的流速對時間的變化率稱爲時變加速度（或當地加速度，亦稱局部加速度）。不過還是要記得，在一個指定的時間點仍然可依流速的空間分布區分為均勻流或非均勻流。就實際上來講，要在很短的時間內，將全流場各個不同位置的流速同時提升到同一個新的流速是難以辦到的，因而非恆定均勻流是沒有實用意義的。除了少數的特殊情況之外，非恆定流的分析是一個難度很高的課題，而且實務上最常遇到的是非均勻流，因此本書所要呈現的大部分內容是以非均勻恆定流為主。更具體地說，就是在流量給定而且流場不隨時間而變的情形下，沿著流線來探討對各個空間位置的流速變化。

　　一般來講，以上所述有關恆定、非恆定、均勻、非均勻流的定義，常讓人難以很快地與實際物理現象作緊密聯想，因此在這裡舉個實例作說明。仔細觀察煙囪排煙時，可以發現不但在任何一瞬間煙團在不同位置的分布圖像都不一樣，而且是隨著時間不停地在變動。換句話說，如果在某一個時刻拍攝一張煙囪排煙照片，則在照片中不可能找得在二個區域的煙團看起來是一樣的；如在另一個時刻拍攝另一張照片，同樣地也不可能在兩張照片中找得到同一個區域的煙團是一樣的。這樣的煙團運動圖像所呈現的是對空間、時間都有變化的非恆定、非均勻流的流場。

2. 位變加速度

　　如上節所述，非均勻流的流速是會沿著流線方向而變化的。若以流線為座標軸 s，則流速的沿線變化可以 $v(s)$ 表示之。當流體元素沿著流線從位置 s 移動到另一位置 $s + \Delta s$ 時，流速 $v(s + \Delta s)$ 的大小及方向都有了變化，如圖 1.19 所示；二者的向量差 Δv 可以分解成流線方向的分量 Δv_s 及沿法線方向的分量 Δv_n，其所經歷的時間 $\Delta t = \Delta s/(v_s + \Delta v_s/2)$。依圖 1.19 所示的切線方向流速分量的變化，可將其加速度 a_s 表成：

$$a_s = \lim_{\Delta s \to 0} \frac{\Delta v_s}{\Delta t} = \lim_{\Delta s \to 0}\left[\left(v_s + \frac{\Delta v_s}{2}\right)\frac{\Delta v_s}{\Delta s}\right] = v_s \frac{\partial v_s}{\partial s} \qquad （1\text{-}21）$$

其實，因為座標軸與流線是一致的，所以式（1-21）中 $v_s = v$。顯然流速向量是沒有法線方向的分量，但在 Δs 末端由於流速方向的改變使得 Δv 有了法線方向的分量 Δv_n。換句話說，當流體元素從 s 移到 $s + \Delta s$ 時，法線方向的加速度 a_n 可以同樣地表成：

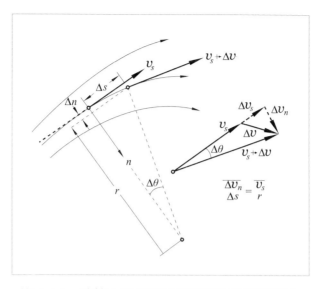

圖 1.19　流線上沿切線及法線方向之流速變化

$$a_n = \lim_{\Delta s \to 0} \frac{\Delta v_n}{\Delta t} = \lim_{\Delta s \to 0}\left[\left(v_s + \frac{\Delta v_s}{2}\right)\frac{\Delta v_n}{\Delta s}\right] = v_s\frac{\partial v_n}{\partial s} \qquad（1\text{-}22）$$

從圖 1.19 中的流速向量三角形可知 v_s 對 Δv_n 的關係與流線曲率半徑 r 對 Δs 的關係具有幾何相似性，因此：

$$\lim_{\Delta s \to 0}\frac{\Delta v_n}{\Delta s} = \frac{\partial v_n}{\partial s} = \frac{v_s}{r} \qquad（1\text{-}23）$$

將式（1-23）代入式（1-22）即可得：

$$a_n = \frac{v_s^2}{r} \qquad（1\text{-}24）$$

由以上的 a_s 及 a_n，用向量和的關係可求得合加速度。在恆定流情況下，雖然在任一指定位置的流速不會隨著時間變動，但當流體元素從一個位置移動到另一個位置時，只要流線方向有改變，就會有加速度的效應。這種加速度稱為向心加速度，是位變加速度在 n 方向的分量。

3. 時變加速度

　　圖 1.20 所示為一個二維的噴嘴射流，其口徑由大逐漸縮小。在上游來流單寬流量 q 為給定的條件之下，漸縮段的流線不僅方向改變了，而且相鄰流線的間

距也沿流線方向逐漸變小。因此，上述的 s 方向加速度 a_s 及 n 方向加速度 a_n 都會出現。如上游端來流的流量控制閥門開度逐漸加大，使 q 隨著時間 t 增加，即 $q = q(t)$ ，則在斷面上任何一點的流速亦會隨著時間增加；因而該點（注意：s 固定）的 s 方向流速的增加率為 $\partial v_s/\partial t$。同時，假設射流噴嘴亦在 n 方向以角速度 ω 來回擺動，則流線上任何一點亦會有法線方向的加速度 $\partial v_n/\partial t$。由於 $\partial v_s/\partial t$ 及 $\partial v_n/\partial t$ 都是以流線上的固定位置來定義，流量隨時間變化及射流噴嘴擺動而導致的加速度叫做定位時變加速度，簡稱時變加速度。將這二個時變加速度分別加到式（1-21）及（1-24）之後，可得：

$$a_s = \frac{\partial v_s}{\partial t} + v_s \frac{\partial v_s}{\partial s} \qquad (1\text{-}25)$$

及

$$a_n = \frac{\partial v_n}{\partial t} + \frac{v_s^2}{r} \qquad (1\text{-}26)$$

顯然上二式僅能適用於二維流場，亦即與 $s\text{-}n$ 平面平行的任何平面上的流場是相同的。實際流場是三維的居多，其第三方向加速度的表示方式與式（1-26）相同，但流線的曲率半徑須重新定義、處理甚為繁雜，故不在本書中探討。

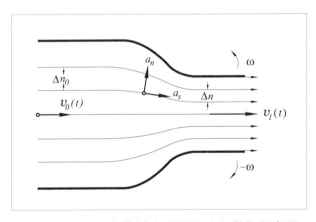

圖 1.20　二維噴嘴射流流場隨時空變化示意圖

在固定邊界範圍內的流場稱為內部流。由於內部流的流線形狀為邊界幾何形狀所控制，流場上各個網格的流速 v_s 與上游來流的流速 v_0 的比值可依網格相對大小來決定。當來流量的時變率 dq/dt 給定時，$\partial v_0/\partial t$ 為已知，任何時刻的 v_s 及

$\partial v_s / \partial t$ 也就可由網格的相對大小來決定。以這種方式決定時變加速度，基本上是假設 dq/dt 在同一時間立即傳遞到流線管中的每一斷面。事實上流體是有慣性效應的，只有在這種效應相對微小的情形下，立即傳遞的假設才可適用。

4. 時變流場之轉換

物體在流體中移動所產生的流場是在物體之外，故稱為外部流。此種外部流為非恆定非均勻流，在流線的切線方向及法線方向的加速度分量均含有時變項，使得流場分析計算的難度大幅升高。不過，對於物體在流體中移動所產生非恆定流的分析，可藉由相對運動的原理，將之轉換成恆定流，以降低分析計算的難度。

圖 1.21(a) 為一圓柱體置於原為靜止的流體中，當其以定速度 v_0 在垂直於柱軸的方向由右至左移動時，帶動流體產生一個如圖中所示的流場，其流線為由前方輻散向後方輻合的形態。由於柱體是以定速度 v_0 移動，這一組流線也以 v_0 跟著柱體移動，所以對站在地面上的觀測者而言，空間上任一定點的流速是隨著時間在改變的，亦即此一流場為非恆定流。如果觀測者和該圓柱體一齊移動，則他除看到那組跟著走的流線之外，也看到一組恆定均勻流流線以流速 v_0 由柱體前方遠處朝向柱體而來，如圖 1.21(b) 所示。現在將二組流線各交叉點的流速以向量和的原理求得其合速度後，再根據流線的定義繪製成一組新的流線，如圖 1.21(c)。這組新的流線是代表觀測者從柱體上所看到的恆定流流場，也就是如同圓柱體不動而流體以定流速 v_0 由左朝右流向柱體所產生的流場。換言之，藉由相對運動原理將原來的非恆定流轉換成恆定流之後，流場上的加速度就可以由恆定流的流網分析來求得，而省掉分析計算定位時變加速度項的麻煩。

以上所述的相對運動原理同樣可應用在水面波傳遞時的非恆定流，但是水面波的形狀不像物體形狀維持不變。因此，在應用這原理來處理水波問題時，要注意只能在波形沒有明顯改變的限制下才可適用。另外也須注意的是，如果物體的移動速度是隨著時間而變，當然觀測者可以調整速度和物體的移動速度一樣，但並不能去掉式（1-25）及（1-26）中的時變加速度項。在這種情況下，就要回到上一小節所討論的，用流量變率 dq/dt 給定的方式來處理。

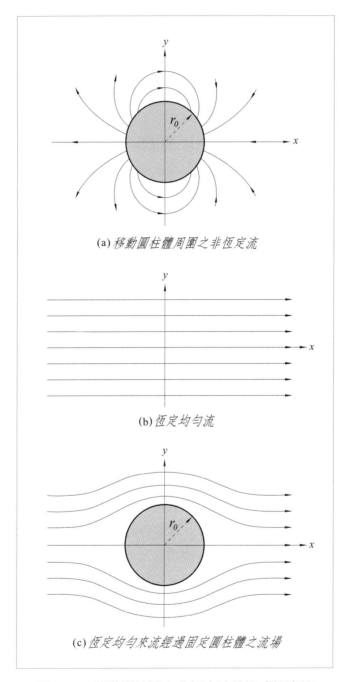

(a) 移動圓柱體周圍之非恆定流

(b) 恆定均勻流

(c) 恆定均勻來流經過固定圓柱體之流場

圖 1.21　移動圓柱體之非恆定流轉換成恆定流

1.6 流體之物性

以上各節所述內容僅限於流體運動特性（簡稱爲流性）的描述，並未涉及流性背後的作用力，包括驅動力、阻力與慣性力等。不論何種作用力，都和流體的物理特性（以下簡稱物性）有密切關聯，因此在進入後續各章討論流性與物性關係之前，本節先將流體的各種物性作簡要介紹，以利後續各章之展開。

1. 質量與重量

（1）質量密度

流體質量密度（簡稱密度）的定義是單位體積所含有的質量，通常以希臘字母 ρ（發音：rho）來代表。在流體力學中習慣上是以密度代表其質量的特性。不同流體的 ρ 值有很大的差別；壓力及溫度對氣體的密度有很大的影響，但對液體密度的影響很微小。

（2）比重量

流體比重量的定義是單位體積所含流體的重量，通常以希臘字母 γ（發音：gamma）來代表。比重量爲密度 ρ 受重力加速度 g 的作用而產生的重力，亦即 $\gamma = \rho g$。

（3）比重

比重的定義是流體的密度 ρ 對水體 4℃時密度 ρ_w 的比值，以英文字母小寫 s_g 來代表，亦即 $s_g = \rho/\rho_w$。

顯然 ρ、γ 及 s_g 三者之間互有關聯，如果其中之一是給定的，則另外二個就可計算出來。

2. 黏性

雖然上述質量與重量可以代表流體的「輕重」特性，但卻不足以完整地作爲流體在運動行爲的代表特性。例如水與油的密度相近，但在相同的剪力強度（以下簡稱爲剪力）τ（發音：tau）作用之下，它們的運動行爲卻有很大的差異。顯然還需要有其他的物性來決定流體流動的難易程度，這樣的物性就叫做黏性；在眞實物理世界裡的流體都是有黏性的。

由試驗室觀測可知道，流體元素承受剪力 τ 時，其角變率 dv/dy 會隨 τ 值而變。

一般日常生活中需用的水、空氣、汽油 … 等流體在定溫定壓的情況下，τ 與 dv/dy 成線性關係，亦即：

$$\tau = \mu \frac{dv}{dy} \qquad (1\text{-}27)$$

其中 μ（發音：mui）稱為動力黏性係數；具有這種線性關的流體稱為牛頓流體（Newtonian fluid），而具非線性關係者稱為非牛頓流體。由式（1-27）來看，相同的 τ 值作用在不同的流體時，角變率 dv/dy 較大者 μ 值較小，表示較容易流動。反之，μ 值大者較難流動。在一般流體運動課題中，μ 常伴隨密度 ρ 出現，將二者組合成 μ/ρ，並以希臘字母 ν（發音：nui）代表之，即 $\nu = \mu/\rho$。由於 ν 既不含力量單位亦不含質量單位，故稱之為運動黏性係數。就物理現象而言，流體黏性是流體分子間互相碰撞而產生動量交換的具體特徵，因此與個別分子躍動量及分子自由路徑有關。由於溫度增加會使流體膨脹、分子自由路徑變大；液體的分子自由路徑原本非常小，溫增後其自由路徑成倍數增加，以致互相碰撞機會反而大減，因此液體的 μ 值就隨溫增而降低；相反地，氣體的分子自由路徑原本相對較大，溫增後其自由路徑的增量卻相對有限，但氣體分子質量較小，溫增使其大為活躍而增加互相碰撞機會，因此氣體的 μ 值是隨著溫增而升高。壓力對於 μ 值雖亦有影響，但在一般壓力變化範圍內影響有限，故可忽略之。

3. 可壓縮性

可壓縮性是用來表示一個給定體積 $\forall$ 的流體所承受壓力的變化量 dp 與其所對應的體積變化量 $d\forall$ 之間的關係，代表該流體被壓縮的難易程度。衡量可壓縮性的參數為體積彈性模數 E_v，其定義為：

$$E_v = -\frac{dp}{d\forall/\forall} \qquad (1\text{-}28)$$

上式中的負號是因為流體受壓力作用時體積會減少，而由於體積減少質量密度 ρ 會增加 $d\rho$，故 $-d\forall/\forall = d\rho/\rho$，亦即式（1-28）可改寫成：

$$E_v = \frac{dp}{d\rho/\rho} \qquad (1\text{-}29)$$

因為 $d\forall/\forall$ 及 $d\rho/\rho$ 為沒有單位的純量，所以 E_v 具有與 dp 相同的單位。

如前所述，液體的可壓縮性很低，也就是說很大的壓力變化 Δp 僅能產生很小的體積變化比 $\Delta\forall/\forall$。因此，液體的 E_v 值是非常的大。這是液體的可壓縮性在工程應用上受到重視的原因。

　　至於氣體的可壓縮性受注意的重點除了 E_v 值之外，還有絕對壓力、絕對溫度與密度之間的關係。就理想氣體而言，其壓縮或膨脹的過程中絕對壓力對密度的比值與絕對溫度成正比，即：

$$\frac{p}{\rho} = RT \tag{1-30}$$

其中 R 為通用氣體常數；T 為絕對溫度。式（1-30）一般稱為理想氣體定律。若氣體在壓縮或膨脹過程中沒有摩擦阻力而且沒有熱交換的情況發生，則絕對壓力與密度之間的關係為：

$$\frac{p}{\rho^{k_r}} = 定值 \tag{1-31}$$

其中 $k_r = c_p/c_v$；c_p 為定壓狀態下的比熱；c_v 為定體積狀態下的比熱。比熱的定義為單位流體質量的溫度升高或降低一度所吸收或釋放的熱能。

4. 蒸汽壓

　　在日常生活中可以觀察到沒蓋子的一杯水放著一段時間之後，杯中的水量就會減少一些，也就是蒸發了。這種蒸發現象的發生，是因為水表面的水分子由各種能源（如熱能）取得足夠的動能來克服分子的內聚力，而離開水面進入其上方的空間。這些水分子在與空氣所形成混合體當中的分壓即為蒸汽壓，其大小隨水溫及周遭環境的壓力而異。

　　一般液體含有許多極微小的空氣泡或溶解於其中的空氣，經過降壓或加溫後，微小空氣泡就成長為肉眼可以看得見而含有液汽的大小氣泡，從液體內部浮升到液面上，也就是沸騰現象。在這個過程中，如果維持固定液溫，則微小氣泡成長依其周遭環境的液體壓力 p_e 而定；當 p_e 值降低到可以產生沸騰現象時，氣泡中的蒸汽分壓，即為該液溫情況下的蒸汽壓 p_v。如果 p_e 增加，則液溫必須提高以增加氣泡內部的蒸汽分壓，才能使氣泡成長達到沸騰狀態；因此，p_v 值是隨溫度增加而增加的。當然在沸騰狀態下，氣泡中的蒸汽含量較空氣含量高出很多，因而稱之為汽泡。蒸汽壓是液體才具有的物性；氣體不具有這種物性。

5. 表面張力

任何物質的分子與分子之間存在有互相吸引的作用力；同類分子間的吸引力叫做內聚力，不同類的分子的吸引力叫做附著力。液體與空氣接觸界面叫做自由表面，其上方一層的分子數量相對很少，因而對表面層的吸引力遠遠低於自由表面下方一層者。於是表面層產生一個往下的作用力。同時表面層的分子之間的吸引力緊緊地互相拉著如同一張薄膜一樣，以維持表面層的平衡。這種表面層分子間的拉力稱之為表面張力。

液體薄膜或液滴的存在是由其本身分子間的內聚力來維持的。液體與固定表面接觸時，如其附著力大於內聚力，則液體分子會展開而附著於固體表面；反之，則液體分子自行內聚而形成液珠。雖然在實際應用上不論是內聚力或附著力相對於其他作用力都是很小的，但對若干問題，如毛細管作用、噴霧作用、汽泡形成、小比例尺模型試驗…等，表面張力仍然是一個重要的因素。

表面張力為液體的另一種特有物性，因其與分子間的內聚力有關，所以當液體溫度升高而拉大分子與分子的間距時，分子內聚力將降低，使得表面張力也跟著降低。另外，表面張力也與液體表面所接觸的另一種流體有關，不過一般所指的表面張力是以空氣為另一種流體為準。

表面張力通常是用希臘字母 σ（發音：sigma）來代表，以作用於單位長度的拉力為其量度單位。圖 1.22 所示為一量測表面張力的簡易方法，將一 U 字型的金屬細線倒置於液體中，當細線被慢慢拉起時，其與自由液面間會形成液體薄膜，作用於該細線的往上拉力 F 與細線重量 W 的差值 $F - W$，與該薄膜在液面

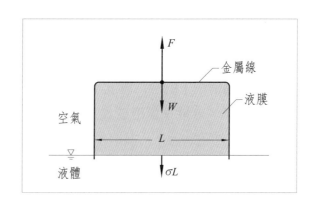

圖 1.22　倒 U 型金屬線表面張力儀之力平衡示意圖

處（長度 L）之往下拉力 σL 相等，亦即 $\sigma = (F - W)/L$。因此，表面張力為液面單位長度的拉力。

上述各種物性對流性的影響可以說是流體力學的核心課題。然而由於工程實務上最常遇到有關流性問題與各種物性的關聯程度有顯著的差異，因此以下各章對於流體物性的討論也就有輕重之別。絕大多數的實務課題與質量密度、比重量及黏性有極為密切的關聯，故在第二、三及四章分別以累進的方式探討這三種物性對流性的影響；同時在第五章討論流場中動量及能量變化與作用力及作功率之間的關係，並進而在第六、七及八章討論相關的應用課題。雖然在實務上遇到水錘或震波等流體可壓縮性有關問題的機率沒有前三者那麼高，但仍佔有一定的比重，因此在第九章討論可壓縮性效應。至於蒸汽壓及表面張力這二種物性是液體特有的，因其均須在特殊條件下才會出現，而且實務上遇到的機率甚低，故將僅在第三章討論管道水流低壓區時，簡略提及可能因壓力低於蒸汽壓而致發生穴蝕現象。另外，在第三章第 3.7 節論及小比例尺重力波模型試驗結果轉成原型波高時，對於表面張力的影響亦將略作交代。

第二章　壓力與流體運動

2.1 壓差與運動方程式

1. 流體壓力

　　流體壓力是流體對於相鄰界面的法向作用力，而法向作用力是指與界面的微小區域表面成正交的作用力；此作用力對該微小區域面積的比值爲壓力強度，一般簡稱壓力 p，也就是單位面積上的法向作用力。由於此處所考慮的是微小區域表面上的作用力，故 p 可以說是界面上一點的壓力，而且界面可以是平直或彎曲的固體邊界表面，或經過流體內部的切面。在後者的情況下，p 是代表流體內部任一點的壓力；若流體中沒有剪力存在，則該點的壓力與界面的方向無關。

2. 壓差作用力

　　如上所述，流體內部任一點的壓力不隨經過該點各個切面的方向而異，因而此點的壓力不論有多大都不能視爲產生加速度的作用力。換言之，一個流體元素的加速度必須是在該元素一邊的壓力大於另外一邊者才會產生。如圖 2.1 所示，在流體中取一水平圓柱形的流體元素，其長度爲 Δx、斷面積爲 ΔA；兩端的壓力分別爲 p 與 $p + \Delta p$，其差值 Δp 稱爲壓差。壓差 Δp 與斷面積 ΔA 的乘積即爲作用於體柱的淨力 ΔF_x，亦即 $\Delta F_x = -\Delta p \Delta A$。因此圓柱體元素每單位體積所受 x 方向的作用力 f_x 爲：

$$f_x = \lim_{\substack{\Delta A \to 0 \\ \Delta x \to 0}} \frac{\Delta F_x}{\Delta A \Delta x} = -\lim_{\Delta x \to 0} \frac{\Delta p}{\Delta x} = -\frac{\partial p}{\partial x} \qquad (2\text{-}1)$$

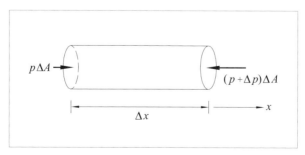

圖 2.1　流體元素兩端之壓力變化

上式中 $\partial p/\partial x$ 為 x 方向的壓力梯度，亦即每單位距離的壓差。換言之，任一方向之壓力梯度即為驅動該方向加速度的單位體積上的作用力。

3. 運動方程式

依牛頓第二定理，若 ρ 為定值，則 f_x 與 a_x 的關係為：

$$f_x = -\frac{\partial p}{\partial x} = \rho\, a_x \qquad (2\text{-}2)$$

如果考慮沿流線方向 s，將上式之 f_x 及 a_x 分別以 f_s 及 a_s 替代，並以式（1-25）之 a_s 代入，則 s 方向的運動程式成為：

$$-\frac{\partial p}{\partial s} = \rho\, a_s = \rho\left(\frac{\partial v_s}{\partial t} + v_s\frac{\partial v_s}{\partial s}\right) \qquad (2\text{-}3)$$

同樣的道理，垂直於流線的 n 方向的運動方程式成為：

$$-\frac{\partial p}{\partial n} = \rho\, a_n = \rho\left(\frac{\partial v_n}{\partial t} + \frac{v_s^2}{r}\right) \qquad (2\text{-}4)$$

式（2-3）及（2-4）是以壓力梯度為驅動力的運動方程式，一般稱為**尤拉**[1] 方程式（Euler equations）。

由以上關係式可知壓力變化與加速度是互相關聯的，這可藉以下兩項重要事實作進一步說明：

(1) 在指定位置的壓力隨時間變化率 $\partial p/\partial t$ 並不一定影響加速度。譬如說，在均勻管道中的兩斷面間流體所受壓力同時同量增加或減少不會使其間的壓差發生變化，這也就是說原來的壓力梯度 $\partial p/\partial s$ 及 $\partial p/\partial n$ 是與 $\partial p/\partial t$ 互相獨立的。

(2) 空間上兩點間的壓力變化必有伴隨的時變加速度或位變加速度。因此也可以說，在非恆定流或非均勻流的流場中必定有壓力梯度存在。

雖然非恆定流的固定點流速會隨時間變化，以致其複雜度甚高而不易分析，但可藉前章所述由觀測者移動的方式轉換座標而成恆定流。在恆定流情況下，式（2-3）可以簡化成：

---

[1] Leonhard Euler 的姓氏發音近似歐伊勒，而國立編譯館出版之力學名詞辭典音譯為尤拉則較接近英語發音。

$$-\frac{\partial p}{\partial s} = \rho v_s \frac{\partial v_s}{\partial s} \qquad\qquad (2\text{-}5)$$

上式表明經座標轉換後的壓力梯度與位變加速度的關係是和恆定流情況一致的。

　　將恆定流運動方程式（2-5）沿同一流線 s 方向，如圖 2.2 所示，從點①至點②積分可得：

$$p_1 - p_2 = \frac{\rho}{2}(v_2^2 - v_1^2) \qquad\qquad (2\text{-}6)$$

式（2-6）明確表示：不論點①及點②的壓力有多大，其間之壓差值必定是對應於 $\rho v^2/2$ 的差值。這也就是說，若在兩點之間壓力對時間的變化率保持相同，則不會有時變加速度產生。因此，當流場中的作用力僅有壓力，且流體質量密度及沿流線方向之速度變化為已知時，式（2-6）可用以推算任一流線上的壓力變化。注意式（2-6）中流速 v_2 及 v_1 已將下標 s 省略，因其分別代表了點①及點②在切線方向的流速為合流速，亦即 $v_n = 0$。

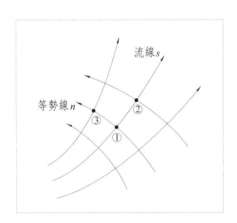

圖 2.2　非旋流之典型流網

2.2 恆定非旋流之壓力方程式

　　雖然上述式（2-6）可用於同一條流線上的任意二點，但並不一定可用於跨越流線的任意二點。為說明這個論點，現在就將式（2-4）的 $\partial v_n/\partial t$ 項設定為 0，也就是恆定流，並在等號右側同時加減 $\rho\,\partial(v_s^2/2)/\partial n$ 項，且以 $\partial v_n/\partial s$ 代替 v_s/r（見圖 1.19），就可得到：

$$-\frac{\partial p}{\partial n} = \frac{\rho}{2}\frac{\partial v_s^2}{\partial n} + \rho v_s\left(\frac{\partial v_n}{\partial s} - \frac{\partial v_s}{\partial n}\right) \qquad (2\text{-}7)$$

上式中等號右側的第二項括弧內的變量為 z 方向的渦度分量，代表流體元素在 $s\text{-}n$ 平面上的旋轉角速度，亦即渦度的 2 倍。如果渦度為 0，也就是非旋流，則式（2-7）可沿著 n 方向從點①至點③積分，如圖 2.2 所示，而得：

$$p_1 - p_3 = \frac{\rho}{2}(v_3^2 - v_1^2) \qquad (2\text{-}8)$$

上式及式（2-6）所建立的壓力與流速之間的關係通稱為壓力方程式。這裡要特別提醒的是點①及點③並不是在同一條流線上，而式（2-6）中的點①及點②則是在同一條線上。換句話說，將式（2-6）及（2-8）聯合起來，就可以應用到恆定非旋流流場中的任何二點，由已知的流速變化推算壓力變化。

在前一章所述流網概念中，流線與法線（亦稱等勢線）是互相成為正交的二組網格線；流線當然就是這裡所說的 s 線，而等勢線就是 n 線。依流網原理來看，如果在流場中某一點的 ρ, v 及 p 為已知，則另一點的流速可由連續原理求得，壓力可由上述式（2-6）及（2-8）推算而求得。

2.3 壓力方程式之應用

1. 流場壓力分布之推算

將式（2-6）及（2-8）應用於圓柱形固體周圍的流場，若選擇上游來流未受干擾處為基準點，如圖 2.3 所示，則柱體表面任一點與基準點之間的壓力與流速的關係可以寫成：

$$\frac{\Delta p}{\rho v_0^2/2} = 1 - \left(\frac{v}{v_0}\right)^2 \qquad (2\text{-}9)$$

上式中 $\Delta p = p - p_0$；p_0 及 p 分別為來流基準點及柱體表面任一點的壓力；v_0 及 v 分別為基準點及柱體表面任一點的流速。在 p_0 及 v_0 給定的情況下，式（2-9）就可以用來推算任一點與基準點之間的壓差，其中 v/v_0 值可由流線之間距比值來決定，亦即 $v/v_0 = \Delta n_0/\Delta n$；推算的柱體表面壓力分布如圖 2.3 下半部所示。由於柱體表面最上游點為滯點，其流速 $v = 0$，因此滯點壓力 $p_s = p_0 + \rho v_0^2/2$。滯點與基準點的壓差 Δp_s 等於 $\rho v_0^2/2$，也就是由來流的動能轉換過來的，故這部分稱為動壓。

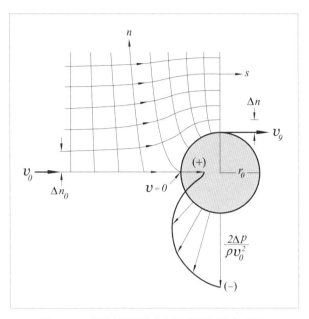

圖 2.3　圓柱體附近之流場及壓力分布

2. 流速之量測

　　如果上述動壓 Δp_s 可由儀器量測得知，則來流速度即可由以下關係式求得：

$$v_0 = \sqrt{2\Delta p_s / \rho} \qquad\qquad （2\text{-}10）$$

事實上，上述的關係式早已被應用於**皮托管**（Pitot tube），其基本原理如圖 2.4(a) 所示，為反向 L 型細管，一端開口①在水中正對來流，而另一端開口②在大氣中。當來流進入開口①由細管中上升至超過水面達 Δh_s 而停止時，點① 就成為滯點，其與來流基準點之間的壓差為 $\Delta p_s = \gamma \Delta h_s = \rho v_0^2/2$。換言之，利用皮托管測得 Δh_s 即可用式（2-10）求得流速 v_0。實際上，皮托管正對來流的鼻頭端是圓順的，以使其對流場干擾降到最低程度。典型的皮托管的構造如圖 2.4(b) 所示，其鼻頭端開口稱為動壓口，口徑一般採用管外徑 d 之 0.3 倍，與動壓測管連通；另在距鼻頭端 $3d$ 處水平部分的細管周邊有數個靜壓口，與靜壓測管連通。二測壓計的壓差即為動壓 Δp_s。

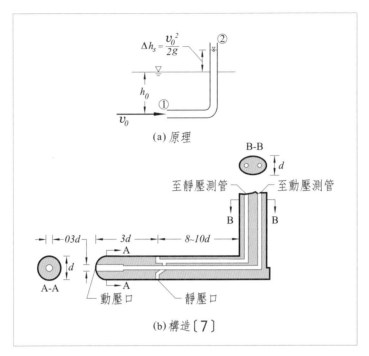

圖 2.4　皮托管之原理與構造

2.4 射流

1. 沿邊界之流況

　　流體從一個大容器或管道末端經由一個小孔口射出時，因射流邊界與大氣接觸成爲自由表面，如圖 2.5 所示，其邊界流線的壓力爲大氣壓 0。射流離開孔口處因流線彎曲而束縮，至一定距離之後達到最小直徑 d_j，其流速爲 v_j。

　　同時，在容器內或管道中的流速必然是小於射流的流速，而壓力則高於射流任何一點的壓力。換句話說，如果將來流及射流各切一個斷面，且與流場邊界面圍成一個自由體，則在自由體表面上各點作用力的合力就是造成射流在射出過程中流速變化的驅動力量。

　　仔細觀察圖 2.5 可知，在上游來流的斷面壓力分布是均勻的 p_0，但管道末端孔口板作用於流體上的壓力則是非均勻的；而在 s 及 s' 點因爲是滯點，所以壓力爲 $p_0 + \rho v_0^2/2$，在 i 及 i' 點因爲是孔口唇緣，與大氣接觸，所以壓力爲大氣壓 0。由於 $D > d_j$，$v_j > v_0$，射流射出的過程中有加速度產生，因此沿著 o-s-i-j-j'-i'-s'-o'

一路積分的壓力總和 F 與來流斷面 o-o' 的壓力總和 F_0 比較，必然是 $F < F_0$。

　　射流經過孔口後，斷面積漸縮至一定距離之後就維持不變如斷面 j-j'，亦即各條流線成直線且互相平行，因此射流內部的壓力與其表面壓力是相同的大氣壓 0。在孔口附近的斷面，除了射流中心流線為直線之外，其餘各條流線因為斷面束縮而各成為曲率不同的曲線；在此情況下，由於向心加速度的關係，射流的壓力由表面的大氣壓往內部遞增，如圖 2.5 所示斷面 i-i' 之壓力分布。

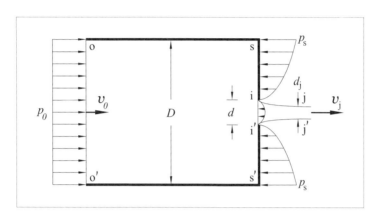

圖 2.5　孔口射流出口附近之壓力分布

2. 射流束縮係數

　　上述有關孔口射流束縮問題可說是流體力學中的一項古典課題。由於射流斷面積的束縮程度與流速及壓力的變化都有密切關係，因此亦會與流量有關。換個角度來看，如果來流管徑及孔口口徑均予以固定，則孔口板與來流方向的夾角 α 的大小將會使射流邊界流線有不同彎曲程度，進而影響壓力及流速分布乃至於射流斷面積及流量。

　　圖 2.6(a)、(b)、(c) 及 (d) 分別代表 $\alpha < 90°$、$\alpha = 90°$、$\alpha > 90°$ 及 $\alpha = 180°$ 的二維射流情況，這四者最終射流的單寬斷面積大小關係為 $b_{j1} > b_{j2} > b_{j3} > b_{j4}$。依照射流束縮係數定義 $C_c = b_j / b$，即射流最終斷面積對孔口斷面積的比值，可知 $C_{c1} > C_{c2} > C_{c3} > C_{c4}$。在來流壓力給定的情況下的上述四種射流中，$\alpha$ 角較小者射流量就會較大。

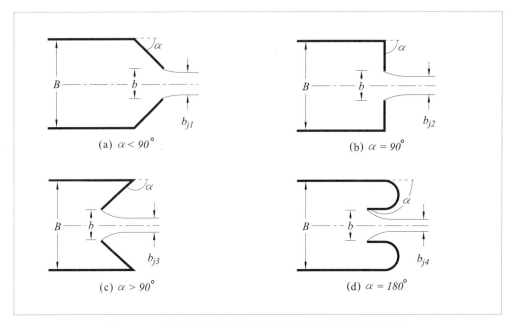

圖 2.6　二維孔口板與來流交角對射流縮束之影響

　　根據非旋流的理論分析，**克希荷夫**（G. Kirchhoff）早在十九世紀時就推導出二維細縫孔口射流（$\alpha = 90°$）的束縮係數為 $\pi/(\pi + 2) = 0.611$。後來**馮米西斯**（R. von Mises）更進一步推導出二維孔口在各種幾何條件之下的束縮係數，結果如圖 2.7 所示。

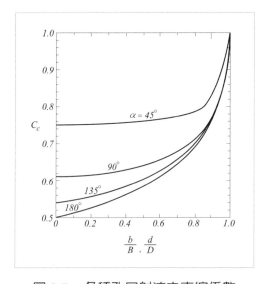

圖 2.7　各種孔口射流之束縮係數

3. 孔口流量係數

　　在來流壓力、流速及邊界條件均給定的情況下，射流束縮係數 C_c 便可以決定，並可進而由連續方程式及壓力方程式計算射流量。就二維孔口而言，只要給定來流管徑 B 及孔口口徑 b，C_c 值就可由圖 2.7 求得；連續方程式及壓力方程式分別為 $Bv_0 = C_c b v_j$ 及 $-(p_j - p_0) = \rho(v_j^2 - v_0^2)/2$；將此二方程式聯立求解得射流流速為：

$$v_j = \frac{1}{\sqrt{1 - C_c^2 (b/B)^2}} \sqrt{2(-\Delta p)/\rho} \qquad （2\text{-}11）$$

其中 $\Delta p = p_j - p_0$。上式的射流速 v_j 乘以射流斷面積 $C_c b$ 可得單寬流量 q 為：

$$q = C_d b \sqrt{2(-\Delta p)/\rho} \qquad （2\text{-}12）$$

其中流量係數 C_d 可表式如下：

$$C_d = \frac{C_c}{\sqrt{1 - C_c^2 (b/B)^2}} \qquad （2\text{-}13）$$

　　從式（2-13）可明確知道 C_d 與 q、Δp 及 ρ 的大小無關，但與束縮係數 C_c 和孔口口徑相對大小 b/B 有關，而 C_c 又為 b/B 及 α 的函數。因此綜合來說，C_d 是為邊界幾何條件 b/B 及 α 的函數。

　　就圓形孔口而言，射流為三維流況，其束縮係數 C_c 值雖難以求得解析解，但實驗結果顯示圓形孔口射流的 C_c 值與二維射流者極為相近，故若以 d/D 代替 b/B，則圖 2.7 中所示 C_c 值即可應用於圓形孔口射流。由於束縮係數的定義為射流斷面積對來流斷面積的比值，故式（2-13）中之 $(b/B)^2$ 必須以 $(d/D)^4$ 替代之，而使圓形孔口的流量係數成為：

$$C_d = \frac{C_c}{\sqrt{1 - C_c^2 (d/D)^4}} \qquad （2\text{-}14）$$

因此圓形孔口射流量可表如下：

$$Q = C_d \frac{\pi}{4} d^2 \sqrt{2(-\Delta p)/\rho} \qquad （2\text{-}15）$$

　　這裡必須特別提醒的是：雖然在 b/B 值與 d/D 值相同時，二維孔口及圓形孔口的 C_c 值極為相近，但因二者的面積比有甚大差異，故對應的 C_d 值就會有很大的不同。當 b/B 值給定時，可由圖 2.7 中的 $C_c \sim b/B$ 關係曲線求得 C_c 值；然後將

這對 $(b/B, C_c)$ 值代入式（2-13）就可以得到二維孔口的 C_d 值；同樣地由 d/D 求得 C_c 值代入式（2-14）就可以得到圓形孔口的 C_d 值。在 $\alpha = 90°$ 情況下，這兩者的 C_d 值變化示於圖 2.8。其他各種不同 α 角的孔口板亦可以同方式求得。

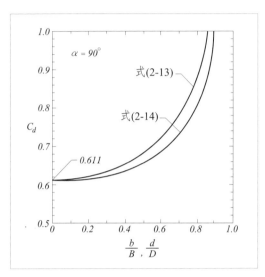

圖 2.8　孔口射流之流量係數

以上討論的射流所舉案例有二個特定條件：第一是射流周遭環境的流體壓力為大氣壓（$p_j = 0$），第二是周遭環境流體與射流流體的密度相同。如果周遭環境不是大氣壓，則式（2-12）及（2-15）中的 Δp 應為周遭環境壓力 p_e 與來流壓力 p_0 的差值。如果二者的流體密度不相同，則將有重力或浮力的影響，使射流往下或往上彎曲，改變了流場，因而 C_c 及 C_d 值亦就隨著改變。

2.5 尤拉數之意義

本章前述各節特別著力於：恆定非旋流流場中加速度是由不同點的壓差來驅動的情況。這不僅使問題的分析相對地簡化，而且亦提供了後續各章對壓力之外的各種作用力分析處理的基礎。

當所考慮的變數只有壓力梯度、密度及加速度時，在給定邊界幾何條件的恆定非旋流流場中，流速及壓力分布的解答是唯一的。換句話說，不論 p_0、v_0、ρ 及邊界幾何尺寸的大小，流場變化特性就可由相距 ΔL 的二點間無因次壓差參數

$\Delta p/(\rho v_0^2/2)$ 來代表。若以此參數的倒數開方根定義爲尤拉數（Euler number），即 $E = v/\sqrt{2\Delta p/\rho}$ ，則 E 是代表慣性力與壓差對流場影響相對重要性的參數。

事實上，由式（2-5）可知等號左側是單位體積流體所受壓差的作用力 $f_s (= -\Delta p/\Delta L)$ ，而等號右側爲慣性反作用力 $\rho a_s(= \rho v\, \Delta v / \Delta L)$ ，兩者的比值爲 1，亦即：

$$\frac{-\Delta p}{\rho v \Delta v} = 1 \qquad\qquad (2\text{-}16)$$

上式表明沿程若 $\Delta p < 0$ ，則 $\Delta v > 0$ ；若 $\Delta p > 0$ ，則 $\Delta v < 0$ 。將式（2-16）的 Δp 代入 E 的定義可得：

$$E = \frac{v}{\sqrt{2|\Delta p|/\rho}} = \frac{1}{\sqrt{2|\Delta v|/v}} \qquad\qquad (2\text{-}17)$$

在流場中僅有壓差作用時，尤拉數 E 與二斷面間流速相對變化量 $|\Delta v / v|$ 有關。如果流場的邊界幾何條件給定，則流線上的 $\Delta v / v$ 值爲已知，E 值亦就可以確定。換句話說，E 爲邊界幾何形狀的函數。由於十八世紀的瑞士數學家尤拉（L. Euler）是體認到壓差在流場中所扮演的角色的第一人，因此這個代表壓差與速度變化關係的無因次參數 E 就稱爲尤拉數。

由以上所述可知，在沒有任何其他流體物性影響流場的情況下，代表流場某一種邊界幾何形狀的尤拉數必須爲一特定值。事實上，將式（2-12）及（2-15）分別與式（2-17）作比較，就可發現尤拉數 E 即爲孔口的流量係數 C_d，其通過的流量除以孔口斷面積就是用來計算尤拉數所需的流速 v 。如前所述 C_d 爲 b/B 及 α 的函數，故 E 同樣亦爲此二幾何參數的函數，即：

$$E = \mathrm{f}\,(b/B, \alpha) \qquad\qquad (2\text{-}18)$$

同樣的道理，任何一種流量計的流量係數也就是代表其流場邊界幾何形狀的尤拉數。

當有流體另一種物性的作用而使流場受到相當程度的影響時，尤拉數會跟著改變來反映出該物性的影響。例如水由孔口射出進入空氣中，因爲受到重力影響而向下彎曲，所以 E （亦即 C_d）就跟著改變。同樣地，在黏剪力作用下而致流場成爲旋轉流、水體表面張力使射流緊貼著孔口板、或者高壓氣體射流的壓縮程度大到不可忽略等情況下，尤拉數的改變都可用來作定量評估這些因素對流場改變的影響。

第三章　重力效應

3.1 重力與流體加速度

1. 重力之分量

　　物體的重量是地球對該物體的吸引力，其方向為指向地心，也就是垂直於地球表面（水平面）。因此，不論流場的狀況如何，比重量 γ 皆為鉛直向下，稱為鉛直向；而 γ 在任一方向 s 的分量為 $f_{ws} = -\gamma cos\theta$，其中 θ 為反地心方向 z 軸與 s 方向的交角，如圖 3.1 所示。從圖中座標的幾何關係可知 $cos\theta = +\partial z/\partial s$，表示沿著 s 方向高程 z 的變化率，故比重量在 s 方向的分量為：

$$f_{ws} = -\gamma \frac{\partial z}{\partial s} \qquad (3\text{-}1)$$

　　如果 s 方向與 z 方向一致，則 $\theta = 0$, $\partial z/\partial s = cos\theta = 1$，因此 $f_{ws} = -\gamma$，意即比重量的方向向下，是與 s 方向相反的。反之，如果 s 方向與 z 方向相反，則 $\theta = 180°$, $\partial z/\partial s = cos\theta = -1$，即 $f_{ws} = \gamma$，意即比重量的方向是與 s 方向相同的。

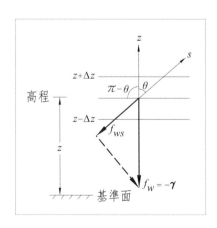

圖 3.1　流體重力之 s 方向分量

2. 壓差及重力影響下之加速度

　　如前章所述，壓差所產生對單位流體在任一方向的作用力等於該方向的壓力遞減梯度；因此，在等壓面上的法線方向壓力梯度最大，如圖 3.2 所示，而其在任一方向 s 的分量即為：

$$f_{p_s} = -\frac{\partial p}{\partial s} \tag{3-2}$$

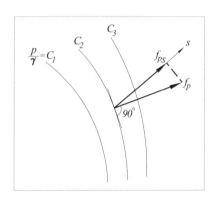

圖 3.2　流體壓力梯度之 s 方向分量

將式（3-1）及式（3-2）在 s 方向的作用力相加，可得：

$$f_s = f_{p_s} + f_{w_s} = -\frac{\partial}{\partial s}(p + \gamma z) \tag{3-3}$$

上式表明在流場中任意點的單位流體所受作用力為 $p + \gamma z$ 在 s 方向遞減的梯度。

顯然 $p + \gamma z$ 在流場中是從一個位置到另一個位置都在變化的，如果沒有其他作用力，則在各個位置的加速度方向是與 $p + \gamma z$ 最大遞減梯度的方向一致的。由於任一方向 s 的作用力分量等於該方向的加速度分量與質量之乘積，故

$$-\frac{\partial}{\partial s}(p + \gamma z) = \rho a_s \tag{3-4}$$

上式即為 s 方向的運動方程式。如果將前章式（2-2）的座標 x 以 s 取代，則其與式（3-4）之差別只在於少了 $\gamma \partial z/\partial s$ 這一項。顯然當 s 方向為水平方向 x 時 $\partial z/\partial s = 0$，式（3-4）就變成式（2-2）。由於氣體的 γ 值很小，而 $\partial z/\partial s$ 值介於 +1 與 −1 之間，故 $\gamma \partial z/\partial s \ll \partial p/\partial s$；在此情況下式（3-4）趨近於 $- \partial p/\partial s = a_s$。換言之，在小範圍的氣體流或水平面上的液體流，重力對流體運動的影響是可以略去的。

3. 加速度與測壓管水頭變化

若 γ 為定值，則將式（3-4）的等號二側分別除以 γ 之後可以寫成：

$$\frac{\partial h_p}{\partial s} = -\frac{a_s}{g} \qquad\qquad (3\text{-}5)$$

其中 $h_p = p/\gamma + z$，稱爲測壓管水頭（以水體而言），p/γ 爲壓力水頭，z 爲位能水頭；$\partial h_p / \partial s$ 爲 h_p 在 s 方向的測壓管水頭梯度。上式表明 $-\partial h_p/\partial s$ 等於 s 方向的加速度對重力加速度的比值，而且其最大加速度的方向與測壓管水頭等值線成正交，如圖 3.3 所示。有關測管水頭的物理意義將於第 3.2 節討論。

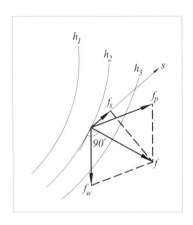

圖 3.3　重力與壓力梯度合力之 s 方向分量

在習慣上，流場的壓力是以大氣壓爲基準，故自由水面的壓力爲 0。因此，若一個裝滿水的四邊形水箱加蓋，並在其頂部角落開一小孔 A 與大氣接觸，如圖 3.4 所示，且給予水箱一水平加速度 a_x，則 A 點的壓力爲大氣壓，其高程 z 即爲測壓管水頭 h_{p0}；而由式（3-5）可知 $\partial h_p/\partial x = -a_x/g$，亦即通過 A 點的 0 壓線爲一斜線 AB，其斜率爲 $-a_x/g$。沿著 x 方向對 $\partial h_p/\partial x$ 積分可得：

$$h_p - h_{p0} = -\frac{a_x}{g}x \qquad\qquad (3\text{-}6)$$

在此狀態下，斜線 AB 上方區域 ABB″A 的水體承受較大氣壓爲低的負壓。如果將圖 3.4 的水箱頂蓋移除，並將其邊壁加高使水不會溢出，則式（3-6）的 0 壓線變成自由水面，其左側升高、右側降低而成爲一傾斜面 A′OB′，斜率亦爲 $-a_x/g$；左側上升的體積 AOA′A 等於右側下降的體積 B″OB′B″。同時，因 $a_z = 0$，由式（3-5）可知 $\partial h_p/\partial z = 0$，亦即 $\partial p/\partial z = -\gamma$，故沿著鉛垂方向仍維持靜水壓分布。

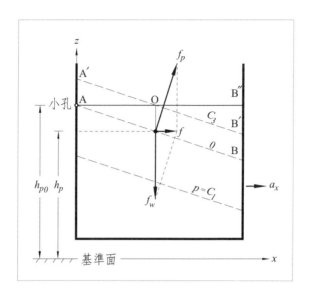

圖 3.4　水平加速四邊形水箱之等壓面

同樣的道理，若在一個裝滿水的封閉圓形水箱的頂部角落留一小孔 A，並給予繞其中心軸以等角速 ω 的旋轉，則通過 A 點的 0 壓線為一拋物線，如圖 3.5 所示 AOB，其測壓管水頭在 n 方向的梯度為：

$$\frac{\partial h_p}{\partial n} = -\frac{a_n}{g} = -\frac{r\omega^2}{g}$$

沿 n 方向積分可得：

$$h_p - h_{p0} = \frac{r^2\omega^2}{2g} \tag{3-7}$$

在此情況下，壓力為 0 的拋物線 AOB 上方的水體承受了較大氣壓為低的負壓力。如果將水箱頂蓋移除，且邊壁加高，則壓力為 0 的自由水面拋物線平移到 A'O'B' 的位置，使得 BB'B″B 到 AA'A″A 這一圈的水體積與原在 A″O'B″A 部位的體積相等。

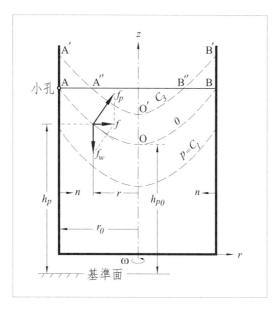

圖 3.5 旋轉圓形水箱之等壓面

3.2 靜壓原理

1. 恆定均勻流之壓力變化

恆定均勻流就是定點時變加速度及位變加速度均為零的流況。在此情況下，式（3-4）變成：

$$\frac{\partial}{\partial s}(p + \gamma z) = 0 \tag{3-8}$$

對於任一方向 s 而言，上式的意義是 $p + \gamma z$ 不隨座標 s 而變。換句話說，在恆定均勻流情況下，將式（3-8）沿 s 方向積分可得：

$$p + \gamma z = C \tag{3-9}$$

其中 C 為積分常數，也就是在只有壓力與重力的作用、而且在沒有加速度的條件下，$p + \gamma z$ 值不隨空間而變。

由式（3-9）所表明的關係可推論以下二點：(1) 在沒有加速度的情況下，只在 γz 有變化時 p 才會有變化，也就是說在一水平面上各個點的 p 值相同；(2) 在空間上從一點到另外一點間 p 值的增量與對應的 γz 值的減量相抵消。

2. 液柱測壓計

相對於機械式測壓計而言，上述壓力 p 與高程 z 的關係應用於量測壓力時具特別意義。例如在輸送水體的管道上要量測某點的壓力，只要在管道側壁上鑽一小孔①，並將一 U 型細管的一端連結到此小孔，另一端接一透明向上開口細管，如圖 3.6(a) 所示，則點①的壓力為：

$$p_1 = \gamma_1 (h + a) - \gamma a \qquad (3\text{-}10)$$

其中 γ_1 為測壓計液體的比重量。在上式中若 $\gamma_1 = \gamma$，則 $p_1 = \gamma h$ 為點①的壓力值，即與超過此點液柱高度直接成正比。如果管道所輸送者為氣體，如圖 3.6(b) 所示，則因 $\gamma_a \ll \gamma_1$，故

$$p_1 = \gamma_1 (h + a) \qquad (3\text{-}11)$$

當點①的壓力低於大氣壓時，以上二種情形的 h 均為負值。

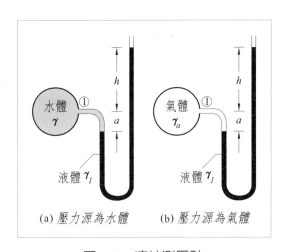

圖 3.6　液柱測壓計

有許多測壓儀器實際上是用來量測流場中二點的壓差；這一類的測壓儀器稱為壓差計，例如圖 3.7 所示，為連結皮托管的壓差計，用於水流中量測測點的總壓力與靜壓力的壓差；壓差計為一 U 型細管，其中一部份裝有較水為重的壓差計液體 γ_1，兩端分別以細軟管連接到總壓測點及靜壓測點。顯然 U 型細管中點③與點④的壓力是相同的，因為這兩點同在一水平面上，而且是由同一測壓液體連通的。點①與點②則同在另一個水平面上，因此其間的壓差為：

$$\Delta p = (\gamma_1 - \gamma) h \qquad (3\text{-}12)$$

其中 h 爲壓差計的讀數。在壓差 Δp 給定的情況下，讀數 h 與 $\gamma_1 - \gamma$ 値成反比，這表示選擇 γ_1 愈接近 γ 可使壓差計讀數越大，其靈敏度也就越高。

由於皮托管的總壓測點與靜壓測點同在一個水平面上，從總壓測點到點①的高程差與靜壓測點到點②者是相同的，因此壓差計位於皮托管的上方或下方並不會影響量測結果。如果以倒 U 形細管作爲壓差計，則必須用 $\gamma_1 < \gamma$ 才可行。

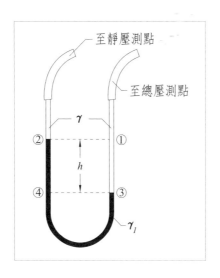

圖 3.7　壓差計

3. 靜水壓分布

前述式（3-9）爲在恆定均勻流的條件下所得到的結果，也就是說加速度爲 0，而且空間上各點的流速均相同；就黏性流體而言，只有流速爲 0 才能滿足各點流速均相同的條件。因此嚴格來看，式（3-9）是在流體靜止不流動的時候才眞正能夠成立；它所表現出來的壓力分布稱爲靜（水）壓分布。然而在實際應用上，有許多流況的加速度及黏剪力的影響相對於其他因素均甚小，在這種情況下的壓力分布可假設爲近似靜壓分布。這樣的假設可以使流場及邊界受力的分析變得容易處理。

在流場是靜水壓分布的情況下，將式（3-9）除以 γ 之後變成：

$$\frac{p}{\gamma} + z = \frac{C}{\gamma} = 定値 \qquad (3\text{-}13)$$

上式每一項的單位均為長度,其中 z 代表流體中任一點的高程,即位能水頭,p/γ 代表該點的壓力水頭;兩者的增減互相抵補。令 $h_p = p/\gamma + z$,則在自由水面因壓力為 0,故 $h_p = z$,也就是說在自由水面以下的任一點的 p/γ 值等於該點水面下的鉛直向距離。如果在非自由水面流場的固體邊界任一點打一個小孔,連結一測壓管,則其水柱高程 h_p 代表該點的壓力水頭及高程之和。

對氣體而言,恆定的自由表面並不存在,而且氣體流場壓力隨高程的變化極小,故氣體中測壓管水頭並無實際物理意義。不過,仍然有許多實際應用的案例可以看到用某種液體的「壓力液頭」來代表氣體流場的壓力,亦即以該液體的液柱高度與其比重量的乘積代表之。

3.3 邊界表面總靜壓

1. 總靜壓水平分量

一般來說,作用於靜止水體邊界表面指定範圍如圖 3.8 之①～②的總靜壓可分成水平分量及鉛直分量,其中水平分量 F_h 為:

$$F_h = \int_{A_v} \gamma h dA_v = \gamma\, h_c A_v \qquad (3\text{-}14)$$

上式中 A_v 為邊界表面在鉛直面上的投影面積,如圖 3.8 之②～③;h 為水面至微小面積元素 dA_v 重心點之鉛直距離;h_c 為水面至面積 A_v 重心(c.g.)之鉛直距離。式(3-14)表明面積 A_v 與其幾何中心點壓力 γh_c 的乘積就是總靜壓的水平分量,其壓力中心在自由水面下的位置 h_{cp} 為:

$$h_{cp} = \frac{1}{\gamma\, h_c A_v} \int_{A_v} \gamma\, h^2 dA_v = h_c + \frac{I_v}{h_c A_v} \qquad (3\text{-}15)$$

其中 $I_v = \int_{A_v}(h - h_c)^2 dA_v$,即對於在 A_v 平面上通過幾何中心且平行於水面的軸線的面積慣性矩。雖然靜止水體邊界上的壓力分布可由靜水壓原理決定之,但是在無黏性的恆定流情況下,流場邊界上的壓力分布,必須另以流速與壓力的關係求解之,或藉流網圖來求得,而在黏性流場則有賴試驗量測壓力分布。

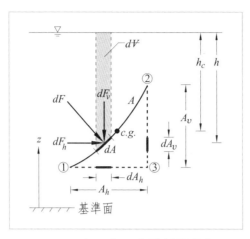

圖 3.8 邊界表面水體靜壓分析

2. 總靜壓鉛直分量

作用於靜止水體總靜壓之鉛直分量可由其流場邊界表面元素在水平面上的投影 dA_h，如圖 3.8 所示，與壓力 γh 乘積，在指定範圍 ①～③ 內積分而得，即：

$$F_v = \int_{A_h} \gamma \, h dA_h = \int_\forall \gamma \, d\forall = \gamma \forall \tag{3-16}$$

式（3-16）表明總靜壓的鉛直分量即為該面積上方所承受水體 $\forall$ 的重量，它的壓力中心就在該水體的重心。

上述式（3-14）及（3-16）的原理，可由靜力平衡的觀點來加以檢視。如圖 3.9 所示，在自由體 ABEA 左側 AB 鉛直面上的水平作用力 F_h 與右側表面 AE 上的水平反作用力 $-F_h'$ 互相平衡的情況下，$F_h - F_h' = 0$。換句話說，在固體曲面 A'E' 上的水平作用力是與自由體鉛直面 AB 的水平作用力大小及方向均相同，也就是 $F_h' = F_h$；因此驗證了式（3-14）的原理。

同樣的道理，考慮自由體 AEDCBA，顯然作用在自由體表面 AE 上的鉛直分量 F_v' 應與其上方水體重量 $-F_v$ 相平衡，就是 $F_v' - F_v = 0$。換句話說，在固體曲面 A'E' 的鉛直作用力與自由體表面 AE 上的鉛直作用力也是大小及方向均相同，所以是 $F_v' = F_v$；因此也驗證了上述式（3-16）的原理。

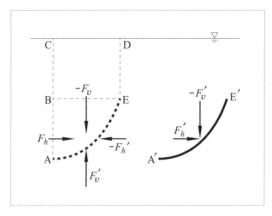

圖 3.9　邊界表面靜總壓之平衡關係

3. 浮力

　　將式（3-16）的原理加以延伸，可用來解釋浸沒在液體中的固體承受浮力的現象。如圖 3.10(a) 所示，圓球體上半部 ABC 所承受的鉛直作用力 $-F_{v1}$ 為其上方水柱體 ABCC'A'A 的重量；而下半部 ADC 所承受的鉛直作用力 F_{v2} 相當於其上方柱體 ADCC'A'A 的水重，如圖 3.10(b)，其方向為鉛直向上。

　　當兩個半球上面的鉛直作用力合在一起時，其合力 $F_{v2} - F_{v1}$ 剛好相當於球體體積的水重，亦即為其所排開的水體體積重量。這就是**阿基米得**（Archimedes）二千年多前所發現的，稱為阿基米得原理。

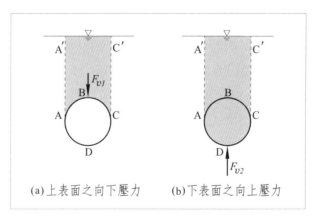

(a) 上表面之向下壓力　　(b) 下表面之向上壓力

圖 3.10　液體浮力原理示意圖

3.4 柏努利定理

1. 沿流線之柏努利方程式

在壓力與重力同時作用之下，將式（3-5）中的 a_s 用式（1-25）代入並加以整理後，可得：

$$-\frac{\partial}{\partial s}\left(\frac{v_s^2}{2g}+h_p\right)=\frac{1}{g}\frac{\partial v_s}{\partial t} \tag{3-17}$$

式（3-17）為沿流線 s 方向的運動方程式，表明在流線上的定點流速隨著時間變化的情況下，總水頭 $v_s^2/2g+h_p$ 會沿流線方向有對應的變化；如果在同一流線上 $v_s^2/2g+h_p$ 不隨時間而變化，則流況為恆定流。換句話說，在恆定流情況下，將式（3-17）沿 s 方向從點 ① 至點 ② 積分可得：

$$\frac{v_1^2}{2g}+h_{p1}=\frac{v_2^2}{2g}+h_{p2}=\text{定值} \tag{3-18}$$

上式稱為伯努利方程式，表明在恆定流條件下，沿 s 方向的總能量水頭（以下簡稱總水頭）維持定值；其中 $v^2/2g$ 為流速水頭。

如前所述，h_p 為測壓管水頭，表示開口測壓管中水面高程。當然在恆定均勻流況下，沿程各點流速相同，因而 h_p 為定值。相反地，如果 h_p 有變化，則表示在其遞減的方向有位變加速度；因此在流場邊界上裝設測壓管必須非常小心，盡量不干擾流場，以免造成測壓管水頭變化而誤以是位變加速度。

事實上，當一個皮托管放進流場時就會干擾流場，因其前端產生滯點以致觀測到的水頭增加了流速水頭 $v^2/2g$，亦即為測壓管水頭與流速水頭之和的總水頭。

2. 恆定非旋流之柏努利方程式

在第 3.2 節所提及的恆定均勻流，因時變加速度及位變加速均為 0，故各流線為平行直線，且彼此之間沒有流速的差異。然而在黏剪力作用下之流場中，平行流線之間的流速會有差異；這也就是說在同一斷面上各點的總水頭是不相同的，如圖 3.11 所示，因而沿法線方向的流速梯度 $\partial v_s/\partial n \neq 0$。在此情況下，若將式（3-5）中的符號 s 改成 n，並在其等號二側各加 $-\partial(v_s^2/2g)/\partial n$ 項，則沿 n 方向的運動方程式成為：

$$-\frac{\partial}{\partial n}\left(\frac{v_s^2}{2g}+h_p\right)=\frac{v_s}{g}\left(\frac{\partial v_n}{\partial s}-\frac{\partial v_s}{\partial n}\right) \tag{3-19}$$

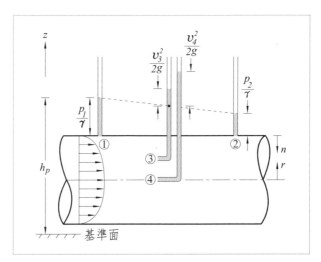

圖 3.11　均勻旋轉流之水頭變化

上式等號右側括弧內二項相減結果即為 s-n 平面上法線方向的渦度分量 ζ。在圖 3.11 所示流場中，$\partial v_n/\partial s = 0$，但 $\partial v_s/\partial n \neq 0$，因此 $\zeta \neq 0$，亦即此流場為旋轉流，表示沿 n 方向積分的結果總水頭不為定值。在此情況下，式（3-18）就不能適用。

　　相反地，若式（3-19）等號右側為 0，則沿 n 方向積分可得到與式（3-18）相同的結果。換言之，式（3-18）不僅可以用於沿流線 s 方向的點①及點②，也可以用於沿法線 n 方向的點①及點③（見圖 2.2）；亦即前述伯努利方程式可以適用於流場中的任何二點，而不必限定沿一條流線的 s 方向上。

　　顯然在一個流場中要使式（3-19）等號右邊為 0，必須是 $v_s = 0$ 或 $\partial v_n/\partial s - \partial v_s/\partial n = 0$；前者之流場為靜止狀態，而後者為一般所說的非旋流。這個條件和前一章所述跨越流線的壓力方程式的必要條件是一樣的。

3. 邊界拘限流場之測壓管水頭變化

　　在非旋流的情況下，將連續方程式應用於流網上就可以決定流場中任何二點的流速變化，然後由式（3-18）就可以決定這二點間的測壓管水頭差，即：

$$\frac{2g\Delta h_p}{v_0^2} = 1 - \left(\frac{v}{v_0}\right)^2 \tag{3-20}$$

式中 $\Delta h_p = h_p - h_{p0}$；$h_p$ 為任一點的測壓管水頭；h_{p0} 為基準點的測壓管水頭；v 為任一點的流速；v_0 為基準點的流速。

　　將式（3-20）與式（2-9）作比較可以知道，兩者形式完全相似，這個相似性的意義就是：給定邊界區域內的流網形態是完全由邊界形狀來決定的。因此，在沒有重力作用的情況下，流網所顯示的流速變化就代表了壓力變化，例如小範圍的氣體流或在水平面上的液體流就是如此；而在有重力作用的情況下，流網所顯示的流速變化則是代表測壓管水頭變化 Δh_p。換言之，不在同一個水平面上的水體流場，求得任意點的測壓管水頭之後必須經過 $h_p = p/\gamma + z = h_{p0} + \Delta h_p$ 換算的步驟才能得到壓力，所以在該點的高程爲已知的條件下，壓力爲 $p = \gamma\,(h_{p0} + \Delta h_p - z)$。換句話說，在受固定邊界拘限的流場中，重力的效應是含括在測壓管水頭 h_p 之中，而 h_p 則爲流速變化之函數，也就是由流場的固定邊界幾何形狀來決定。

　　上述情況可由圖 3.12 所示漸擴二維水體流場來作進一步說明。流場中心線沿鉛直面向右上方傾斜，在恆定非旋流的條件之下，總水頭爲定值，因而各點的總水頭可連成一水平線 i – i'；在邊界上各測壓管中水柱高程的連線即爲測壓管水頭線。因爲流場中心軸線兩側的拘限邊界形狀是相對稱的，所以各對稱點的測壓管水頭的變化是相同的。不過沿著中心線上測壓管水頭的變化則不同於沿邊界者；邊界上 e 點附近的流線朝外側彎曲，所以 $\partial h_p/\partial n > 0$, h_p 向內側增加；而在 f 點附近則朝向內側彎曲，所以 $\partial h_p/\partial n < 0$, h_p 向內側減少。

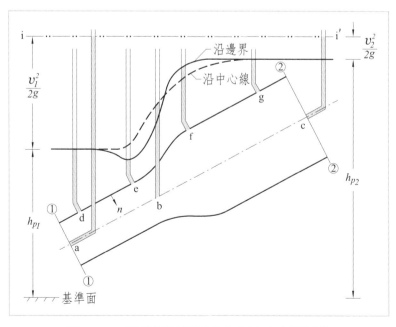

圖 3.12　二維管道擴張段非旋流之水頭變化

4. 水流潛在穴蝕點

由式（3-20）可知在水體流場中任一點與基準點的無因次測壓管水頭差為此二點間流速比 v/v_0 函數，若 $v/v_0 > 1$，則 $2g\Delta h_p/v_0^2 < 0$。因為 $\Delta h_p = \Delta p/\gamma + \Delta z$，故當 Δz 為正值或甚小的負值時，$\Delta p/\gamma$ 將為負值且其絕對值隨 v_0 之增加而增加。在此情況下，如果基準點的壓力 p_0 相對地小，則該點的壓力 p 可能會變成很大的負值。

雖然伯努利方程式並沒有最小壓力或最大流速的限制，但是在物理上來說，在水體流場中如果有任一點的壓力 p 低於該水體的蒸汽壓 p_v 時，則會有微小的蒸汽泡形成；當這些汽泡被帶到流速較小、壓力較大的區域就會迅速被壓潰而產生強大的壓力波，這種現象就叫做穴蝕現象。當穴蝕現象發生在流場拘限邊界附近時可能導致邊界材料的損壞，稱為穴蝕損壞。

穴蝕現象的發生須有一定的條件，包括流速、壓力、蒸汽壓及邊界形狀等因素，其間關係甚為複雜，細節已超越本書範圍。為簡化分析，通常是以具代表性的變數組合成無因次參數，稱為穴蝕指標 C_σ；其定義為抗拒穴蝕化力量與激發穴蝕化力量之比值，前者為流場中基準點壓力 p_0 與蒸汽壓 p_v 之差值，後者為水流動能 $\rho v_0^2/2$，其中 v_0 為基準點流速，亦即：

$$C_\sigma = \frac{p_0 - p_v}{\rho v_0^2/2}$$

此一指標雖具有與尤拉數 E 同一形式，但其物理意義並不相同。當 p_0 降低或 v_0 增加而使 C_σ 值降低表示抗拒穴蝕力量降低或激發力量增加，因此趨向於穴蝕化。在特定流況 p_0 及 v_0 條件下，流場開始出現穴蝕現象時之指標值 $C_{\sigma i}$；稱為起始穴蝕指標值；$C_\sigma/C_{\sigma i}$ 則用來作為衡量穴蝕化趨勢的參數。

對於發生穴蝕位置的確實掌握必須先瞭解流場中低壓區的所在位置，一般而言，為邊界形狀急劇變化如急彎、突出或凹陷等發生流離現象處之下游附近。每一種邊界形狀的 $C_{\sigma i}$ 值必須由試驗決定。

顯然從柏努利方程式可以了解到，流場中任一點的壓力降低可能由於該點流速增加而來，也可能是流場系統整體壓力降低所致。因此，為避免在水體流場中穴蝕現象的發生，尋求適當的流場拘限邊界形狀設計以及流場系統壓力控制是必要的途徑。

3.5 自由表面流

1. 不同流體之界面

當流場的一部份與不同密度的另一流體互相接觸時，流場的形態就不可能完全由固定邊界的幾何形狀所決定，因為這二種流體界面上的密度差異會產生重力效應。換句話說，界面兩側的重力作用對於流場加速度會有一定程度的影響。基於界面上任何一點兩側的壓力是同值的條件，界面的形狀是可以明確地決定的。例如在與大氣接觸的液體流場界面上，其壓力必為大氣壓；在此情況下，整個流場的形態必須同時滿足運動方程式及自由表面為大氣壓的邊界條件，因此流場界面形狀就可以確定。

2. 受重力影響之二維孔口流

(1) 流場特性

圖 3.13(a) 所示為一恆定非旋水流從二維管道末端的二維孔口射出，進入大氣中形成上、下二個自由表面。射流因受重力影響而向下方漸漸彎曲，以致在孔口斷面上的平均流速有往下傾斜的趨勢。這種現象就相當於減損了孔口的有效斷面積，而降低流量係數。另外，在圖中左方來流未受到孔口影響的遠處，流況基本上是均勻的，而當流線來到孔口板的角落 A 及 B 點時就分別形成滯點。由於射流向下彎曲，孔口附近的外側流場就不會是上下對稱的，而是孔口上緣附近流線的曲率半徑較下緣附近者為大，因此在孔口斷面上的壓力分布形成上半部較下半部為小的不對稱情況，如圖 3.13 中放大插圖的 ac 與 bc 所示。同時由於射流不對稱特性，孔口內側的流線形態也就跟著有一定程度的修正。換句話說，射流受到重力作用而使其軌跡向下方彎曲連帶地影響到孔口內側附近流線形態。

如將上述流場的上方固定邊界 A′A 移除，並把孔口板稍向上延伸，如圖 3.13(b) 所示，則上方邊界變成了自由水面。由於原來 A′A 流線上的壓力朝下游方向逐漸增加至滯點 A 的壓力增量 Δp_s 為最高，若圖 3.13(a) 中之 $p_1 = 0$（亦即 $h_1 = 0$），則當上方固定邊界移除之後，Δp_s 轉換成水面抬升為 $\Delta h_s = \Delta p_s / \gamma$，而使水面線 $A_1′A_1$ 在滯點附近偏離了原來的 A′A 線，其最大偏離量 Δh_s 與來流的流速水頭相等。水面流線 $A_1′A_1$ 與原來的 A′A 線之間形成一楔形的水面駐波。若 $p_1 > 0$，則當上方固定邊界移除後，來流水面線的高程將較原來的 A′A 線高出 h_1，如

圖 3.13(b) 所示，而且滯點 A_1 附近同樣會有一楔形水面駐波。不論那一種情況，上方固定邊界的移除都會使得流線或多或少往上方移，因而整個流場也跟著起了變化。這也就是說，因為自由水面的存在而使重力能夠進一步介入影響流場。由此可見孔口上游自由水面的出現就多了一個重力影響流場的來源。同時，因為流線位往上移，使來流流速降低，連帶也使孔口流量下降，以致其軌跡更偏向下方。綜合這些結果，可以推論在來流為自由水面流的情況下，因為重力影響相對變大，故其流量較無自由水面者減小；而且孔口斷面上的壓力則較大，如圖 3.13 中放大插圖之 a′c′b′ 所示。重力的影響幅度則隨 h_1 之增加而增加。

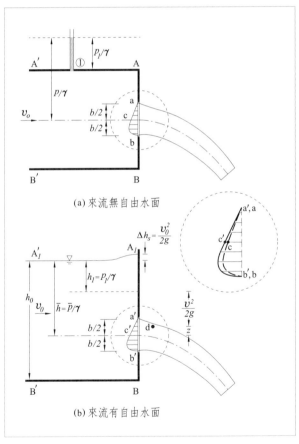

圖 3.13　二維射流受重力作用向下偏離現象

(2) 流量係數

若以孔口中心點為基準的平均水頭 $\bar{h}$ 較孔口開度 b 大甚多，則孔口射流束縮斷面之平均流速還可以準確地由 $\sqrt{2g\overline{h}}$ 代表之，射流的流量就可以照第二章的式（2-12）或式（2-15）來計算，其中 $-\Delta p = \gamma\overline{h}$。以二維孔口而言，這也就是說在 $2\overline{h}/b$ 甚大的情況下，其單寬流量為：

$$q = C_d b \sqrt{2g\overline{h}} \qquad (3\text{-}21)$$

其中 $C_d = C_c\big/\sqrt{1 - C_c^2(b/2\overline{h})^2}$；$C_c$ 為隨 $b/\overline{h}$ 而變的孔口束縮係數，可取自圖 2.7。當圖 3-13(b) 之 $\overline{h}$ 逐漸減小而趨近於 $b/2$ 時，相對於孔口的中心點而言，來流的對稱性亦逐漸消失，以致 $\sqrt{2g\overline{h}}$ 與射流的斷面平均流速差異愈來愈大。換言之，因為多個數字平均值的開方根與其個別數字開方根的平均值並不相等。在這種情況下，射流的流量須由流速積分來求得，才會較為準確。由柏努利方程式可知，在射流束縮斷面任何一點 d（見圖 3.13(b)）的流速可表如下：

$$v = \sqrt{v_0^2 + 2g(\overline{h} - z)} \qquad (3\text{-}22)$$

假設在束縮斷面上相鄰二條流線間單寬面積增量為其對應於孔口斷面積增量 dz 與束縮係數 C_c 的乘積，則單寬流量之增量 dq 可表如下：

$$dq = C_c\sqrt{v_0^2 + 2g(\overline{h} - z)}\,dz \qquad (3\text{-}23)$$

將上式從孔口下緣積分至孔口上緣可得：

$$q = C_d b\sqrt{2g\overline{h}} \qquad (3\text{-}24)$$

其中 C_d 為流量係數，可表如下 [6]：

$$C_d = \frac{2}{3}\frac{C_c}{b/\overline{h}}\left[\left(\frac{v_0^2}{2g\overline{h}} + \frac{1}{2}\frac{b}{\overline{h}} + 1\right)^{3/2} - \left(\frac{v_0^2}{2g\overline{h}} - \frac{1}{2}\frac{b}{\overline{h}} + 1\right)^{3/2}\right] \qquad (3\text{-}25)$$

上式中 C_d 所含 $v_0^2/2g\overline{h}$ 項代表了福祿數 F（詳 3.6 節），因其為來流量 q 的函數，故求算 C_d 值時必須採用漸近法，先假設 $v_0 = 0$，求得 C_d 及 q 第一次近似值，再計算 $v_0 = q/h_0$ 後，重新求得 C_d 及 q 的第二次近似值，一直到前後二次近似值無明顯差異為止；此處 h_0 為來流水深。

在上述求算 C_d 值的過程中，束縮係數 C_c 是採用一個代表性的平均值。其實從相鄰二流線間的各個流線管來看，束縮係數值應隨 z 的位置而變，亦即 $C_c =$

$C_c(z)$；若此關係爲已知，則可代入式（3-23）式積分求得 q；至於 $C_c(z)$ 的關係可由流網描繪的方式求得流線之後，分別決定各個流線管之束縮係數。

就理論上而言，圖 2.7 所提供的束縮係數應只適用在來流流場對應於孔口中心是對稱的條件下。實際上要充分滿足這個條件的情況並不常見，但它卻可作爲第七章所要討論的兩類明渠流－堰流及閘流的基礎。

3. 受重力影響之射流軌跡

拋射入大氣中的恆定自由水射流在其流場中每一點的壓力爲大氣壓。在此特殊情況下，伯努利方程式的壓力項爲 0，因而只有重力的影響，流場中各點的流速水頭與高程的和均相等；其實在前幾節的討論當中，曾簡要提到的二維孔口射流亦有此種特性。以下就針對滿足此種特性的射流運動形態來加以探討。

假設在一鉛直面上有一射流如圖 3.14 所示，該射流經過一基準點 $z_0 = 0$ 的流速爲 v_0，則射流沿程的任一點的柏努利方程式爲：

$$\frac{v^2}{2g} + z = \frac{v_0^2}{2g} \qquad （3\text{-}26）$$

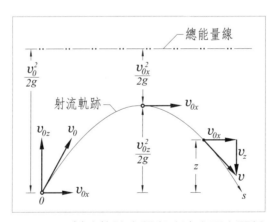

圖 3.14　射流軌跡高程與流速水頭之關係

雖然流速水頭是以流速向量來計算，但以下討論爲了分析方便，就將流速向量 v 分解成水平分量 v_x 及鉛直分量 v_z；加速度向量亦分解成水平分量 a_x 及鉛直分量 a_z。由於拋入大氣中的射流在水平方向沒有任何外力，而鉛直方向只有重力，故加速度分量爲：

$$\frac{\partial v_x}{\partial t} = a_x = 0 \tag{3-27}$$

及

$$\frac{\partial v_z}{\partial t} = a_z = -g \tag{3-28}$$

將上二式分別對時間積分可得：

$$v_x = v_{0x} \tag{3-29}$$

$$v_z = v_{0z} - gt \tag{3-30}$$

由於 $v_x = \partial x/\partial t$，$v_z = \partial z/\partial t$，故將上二式分別沿 x 方向及 z 方向積分，可得：

$$x = v_{0x}t \tag{3-31}$$

及

$$z = v_{0z}t - \frac{1}{2}gt^2 \tag{3-32}$$

將式（3-31）與式（3-32）聯合消去 t 可得：

$$z = \left(\frac{v_{0z}}{v_{0x}}\right)x - \frac{1}{4}\left(\frac{2g}{v_{0x}^2}\right)x^2 \tag{3-33}$$

上式顯示射流之軌跡為一拋物線，如圖 3.14 所示。最後，將式（3-30）、（3-31）與（3-33）聯合消去 t 及 x，可得：

$$\frac{v_z^2}{2g} + z = \frac{v_{0z}^2}{2g} \tag{3-34}$$

因 $v_x = v_{0x}$，故可在式（3-34）等號兩邊分別加上 $v_x^2/2g$ 及 $v_{0x}^2/2g$ 後成為：

$$\frac{v_x^2 + v_z^2}{2g} + z = \frac{v_{0x}^2 + v_{0z}^2}{2g} \tag{3-35}$$

由於 $v_x^2 + v_z^2 = v^2$，$v_{0x}^2 + v_{0z}^2 = v_0^2$，因此式（3-35）即為與式（3-26）相同的柏努利方程式。

　　顯然射流沿程任意兩點間的高程變化等於其對應的速度水頭變化；然而因 $v_x = v_{0x}$，所以沿程速度水頭變化等於 $v_{0z}^2/2g - v_z^2/2g$。這裡必須特別強調 $v_x^2/2g$ 單獨一項並不是速度水頭、$v_z^2/2g$ 亦不是，而兩者之和 $v_x^2/2g + v_z^2/2g = v^2/2g$ 才是。當 $v_z = 0$ 時，依式（3-34）可得射流軌跡最高點為：

$$z_{max} = \frac{v_{0x}^2}{2g}$$ （3-36）

在 z_{max} 這一點流速仍為 v_{ox}。換言之，此點位置是在總水頭線下 $v_{0x}^2/2g$ 的距離處，如圖 3-14 所示。

3.6 福祿數之意義

1. 重力與流場

在前述第二章論及尤拉數 *E* 的意義時，曾經指出在給定的流場邊界形狀之下，不論流場規模、流量、流體密度及絕對壓力的變化，*E* 值均為定值。不過由於流體的其它物性對流場形態的影響，*E* 亦會跟著其影響而逐漸偏離原有的定值，其偏離的幅度正好可以用來展現每一種流體物性的影響程度。

如果流場完全由固體邊界所拘限，則流體重力不會對流場形態造成任何改變，而只會引起不同高程的點與點之間的壓力變化，其變化幅度是與高程差成比例。然而如果流場中的部分區域沒有固定邊界的拘限，其所形成自由表面就會帶來重力對流場的影響；使其壓力場與速度場偏離無重力影響的情況，這是顯而易見的。

一個可以顯示重力影響流場的例子，如圖 3.15 所示，為水流由水平管末端的孔口射出，進入周遭的環境流體大氣之中，水流的慣性力傾向於維持原來朝向水平方向；但重力作用使射流向下偏離，其偏離程度與射流慣性力有關，亦就是說單位體積流體所含動量愈大者，在一定水平距離內射流向下偏離水平方向的程度愈小，圖 3.15 所示之射流 B 相對於射流 C 就是如此。相反地，射流流體與環境流體之間的比重量差異愈小者，其向下偏離的程度就愈小。例如水射流進入水庫的水體中或空氣射流進入大氣中，都是射流本身的比重量與環境流體相同的情況；因此重力作用相對於慣性力為 0，亦即無重力的影響，使得射流維持對稱狀態，射流中心線不會偏離水平方向，如圖 3.15 中之射流 A 所示。換言之，只要射流與周遭環境流體之間存在有比重量差異，射流本身就無法維持水平方向的對稱狀態，如圖 3.15 中之射流 B 及 C；比重量差異較大者或射流單位體積所含動量較小者，不對稱狀態就較顯著。另外，射流 D 表示環境流體的比重量大於射流者，因而受到浮力作用而向上彎曲。在這些狀況下，射流經過孔口斷面附近的流場會隨著流場尺度、流量、密度及比重量等因素而改變，並且進而影響到束縮係數及流量係數。因此，可以預期尤拉數 **E** 就成為這些因素的函數。

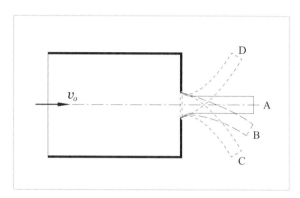

圖 3.15　不同福祿數對射流軌跡之影響

2. 福祿數之組成與功用

　　如上所述，重力對流場的影響是相對於流場慣性力而言的。這兩種力量所涉及的因素包括流場的基準尺度 L、代表流速 V、密度 ρ、射流與環境流體之比重量差 $\Delta\gamma$。這些變數所能組成最基本的無因次參數為 $(\rho V^2/L)/\Delta\gamma$，其中 $\rho V^2/L$（$= \rho QV/(AL)$）為單位流體所含有的慣性力，而 $\Delta\gamma$ 則為單位流體所含有的淨重力（亦即重力扣除浮力）。因此參數 $(\rho V^2/L)\Delta\gamma$ 就是代表了慣性力相對於淨重力的比值，比值愈大者表示重力的影響愈小；反之，則愈大。

　　為了方便起見，習慣上是將上述的無因次參數的開平方定義為**福祿數**（Froude number）**F**，亦即：

$$F = \frac{V}{\sqrt{L\Delta\gamma/\rho}} = \frac{V}{\sqrt{g'L}} \tag{3-37}$$

上式中 $g' = g(1 - \rho_e/\rho)$ 稱為有效重力加速度；ρ_e 為環境流體的密度；ρ 為射流流體的密度。有效重力加速度在物理上的意義就是環境流體的浮力作用抵消了一部分射流的流體重力，因此圖 3.15 水射流進入 $\rho_e/\rho < 1$ 的環境流體中，其射流軌跡可將式（3-33）中之 v_{oz} 設定為 0，並予以無因次化而得 [11]：

$$z_r = -\frac{1}{2}\frac{g'}{V^2 b}x_r^2 = -\frac{x_r^2}{2F^2} \tag{3-38}$$

在式（3-38）中，$z_r = z/b$; $x_r = x/b$; $F = V/\sqrt{g'b}$ ，b為孔口的開度；及V為代表流速，如孔口平均流速。若V及b為給定值，則F^2與$1/g'$成正比，因此在指定的x_r位置，z_r與g'成正比。換言之，若$\rho_e/\rho \to 1$，則$g' \to 0$，$F \to \infty$，$z_r \to 0$，即射流軌跡趨近於水平如圖 3.15 之射流 A；若$\rho_e/\rho \to 0$，則$g' \to g$，即z_r與x_r的關係可能是圖 3.15 所示之射流 B 或 C，其軌跡依V及b值而定。顯然地，若V及b改變，則F值亦改變；因而各有不同的射流軌跡，如圖 3.16(a) 所示。在$\rho_e/\rho > 1$的情況下，$g' < 0$，福祿數重新定義為$F = V/\sqrt{-g'b}$之後，式（3-38）等號右側改為正號，亦即射流軌跡向上彎如圖 3.15 之射流 D。

式（3-38）可以很方便顯示代表重力作用影響射流軌跡的程度，每一個F值就會有一個對應的拋物線，以顯示重力對射流軌跡的影響。若將x_r與F組合成$x_{r0} = x_r/\sqrt{2}F$，則式（3-38）可改寫成 [11]：

$$z_r = -x_{r0}^2 \qquad (3-39)$$

經過這個轉換後圖 3.16(a) 中各個不同F值所對應的許多拋物線合併為一條共同的拋物線，如圖 3.16(b) 所示，亦即將F的影響包含在x_{r0}之中了。

另外一個可顯示重力影響流場的例子，如圖 3.17 所示。在一個原為均勻的水平管道流中，其流線都是互相平行的；如果管頂部位的壓力高於大氣壓，且打開一個缺口裝設一個圓筒，則筒中水面上升高度等於管頂的壓力水頭。由於圓筒中有水，管中的水流在管壁缺口處附近流線就偏離了直線，其偏離程度與圓筒中水面位置高低有關；這也就是表現了慣性力與重力相對大小對流場影響程度的差異。

3. E 與 F 之關係

由以上的討論可知，重力效應會改變流場形態，因此代表壓力影響的參數E也就會隨著代表重力影響的參數F而變，即：

$$E = f(F) \qquad (3-40)$$

上式的意涵為：如果變數V、L、ρ或$\Delta\gamma$的變化引起F的變化時，E就必須按照式（3-40）的函數關係改變；反過來說，當F為一給定值時，E也會有一對應值。

從圖 3.15 來看，對稱的射流 A 是$F \to \infty$的情況；而射流 B 代表F值為中等的情況；偏向最大的射流 C 是F值最小的情況。顯然E必須隨著F的變化而變化，因此孔口的流量係數C_d（$= E$）同時為邊界幾何參數及福祿數F的函數，亦即上

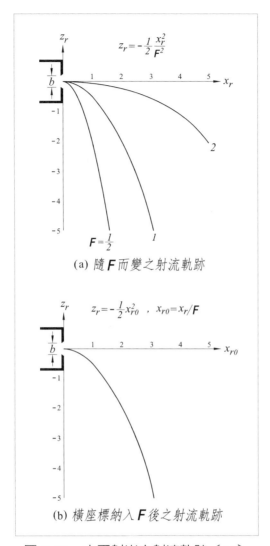

(a) 隨 **F** 而變之射流軌跡

(b) 橫座標納入 **F** 後之射流軌跡

圖 3.16　水平射出之射流軌跡〔11〕

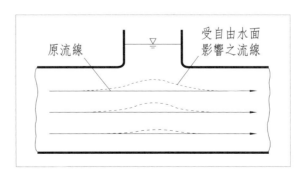

圖 3.17　管道頂部開口自由水面對附近流場之影響

一章之式（2-18）應修改爲：

$$C_d = f(b/B, \alpha, F) \tag{3-41}$$

上式的函數關係相當複雜，必須依賴試驗來決定。這當然不只限於孔口流，而是包括所有自由表面的情況。

3.7 重力相似性

除了以上所述有關探討流場形態隨尤拉數 E 及福祿數 F 變化的課題之外，有些水利工程實務上的課題是在於：水工結構物建造之前，設計工程師必須能確實掌握到在主要的 F 值範圍內現場的自由水面流的流況。由於這些工程問題一般來說都涉及到水流與大氣接觸的界面，$\Delta \gamma$ 變成幾乎是等於水體的 γ，而且 $\gamma/\rho = g$，因此這些課題中的福祿數 F 定義可以簡化如下：

$$F = \frac{V}{\sqrt{gL}} \tag{3-42}$$

如果有關流況的課題以相同的 F 值在縮小的模型試驗中重現，則其結果可以依 F 及 E 的相似原理轉換到全比尺的原型中。換言之，在模型與原型邊界幾何相似的條件下，如果對兩者流況有影響的因素爲流體的比重量及密度，則其流況必然具有運動相似及動力相似性；這也就是說在模型中與原型中的流速分布與壓力分布是相似的，因此兩者的尤拉數 E 是相同的。在這裡有一值得順便一提的事情：福祿數 F 的命名是爲紀念十九世紀著名的英國工程師福祿（W. Froude），他是第一位利用相似性原理作船體阻力模型試驗的研究者。

不論明渠流或船體模型試驗，將水面波高的量測結果換算成原型波高是一個必須處理的課題。由於模型按比例尺縮小的關係，其表面張力效應相對顯著，因此直接將模型波高依福祿相似律換算可能造成一定程度的誤差。

就理論上而言，當重力與表面張力均有一定程度的影響時，在模型與原型中的福祿數 F 及韋伯數（Weber number）W 必須同時納入考慮，其中韋伯數是由表面張力 σ，慣性力 ρV^2 及長度 L 所組成的無因次參數，即 $W = V/\sqrt{\sigma/(\rho L)}$。在以福祿數 $F = V/\sqrt{gL}$ 爲相似律的情況下，由於模型與原型的福祿數比值 $F_r = 1 = V_r L_r^{-1/2}$，可知 $V_r = L_r^{1/2}$。換言之，二者的流體均爲水，其 $\rho_r = \sigma_r = 1$，且其流速比

V_r 等於模型縮尺比 L_r 的開方根,因此其韋伯數比 $W_r = V_r L_r^{1/2} = L_r$。顯然模型縮尺比愈小者,$W_r$ 愈小,也就是表面張力 σ 的影響相對地愈大。

為避免模型試驗量測含有表面張力效應的水面駐波高依福祿相似律換算成原型波高的誤差,必須設法將水面波的表面張力效應的成分波予以分離去除。**卡爾文**(W. Lord Kelvin)於十九世紀提出有關表面張力波的波速 c、波長 λ、質量密度 ρ 及表面張力 σ 之間的關係如下:

$$c = \sqrt{\frac{2\pi\sigma}{\lambda\rho}} \qquad (3\text{-}43)$$

其中 c 等於來流流速在波前緣線的法向分流速,而來流流速在模型試驗中為已知。因此,由式(3-43)可求得模型中表面張力波的波長 λ,並可進而將模型中量測的水面波中具有這種波長的表面張力波成分予以過濾去除掉,而只剩下重力波。然後再依福祿相似律將模型試驗測得之重力波波高轉換成原型波高。

第四章　黏性效應

4.1 黏性之基本概念

1. 黏性變形

　　如第一章所述，有關流體運動現象不僅涉及流體元素質量的移動，而且還有轉動及變形。雖然之前曾經對非旋流的流網特性略作討論，但並沒有對流體元素變形加以探討。非旋流的數學觀念是立基於沒有黏性效應的假設條件。反過來說，如果黏剪力扮演一定的角色，則流體運動不再是非旋流，因而流體元素的變形就成為必須考慮的重要因素。

　　就如同固體元素的變形一般，黏性流體元素的變形亦會產生一組法向應力及切向應力，前者即為壓力強度，後者為剪力強度。固體對於切向應力的反應是以剪彈性係數來呈現，流體則以動力黏性係數來反應。事實上，就彈性固體元素而言，當外部切向力作用時，變形會持續到內部剪應力與外力平衡為止；對黏性流體元素而言，只要外部切向力存在著，變形就會持續不斷。這也就是說，在黏性流體中，外部作用力與內部應力平衡的依據是變形率而不是變形量，因此剪應力與變形率之間有一定的關係。

　　流體元素上的作用力除了壓力與重力之外，如果將黏剪力透過變形率來加以考慮，那就可以把尤拉方程式，亦即式（2-3）及（2-4），擴充到涵蓋黏剪力不可忽略的流況，結果成為有名的**納維耳‧史托克斯**方程式（Navier-Stokes equations）。這組方程式對於深入探討流體運動深具意義，但因其複雜度甚高，故在以下的基本流體力學分析中就不得不偏限於較單純的恆定均勻流況，因而本章對於較複雜的流況只能藉由物理學觀點來作定性式的闡述，而不試圖用較嚴謹的數學觀點來處理。

2. 黏性係數

　　(1) 定義

　　最簡單的變形率與剪應力關係的表達方式可用二塊很大的平行板間的流體運動來說明。如圖 4.1 所示，二塊板的間距 B 很小但充滿流體，其中一板固定不動，

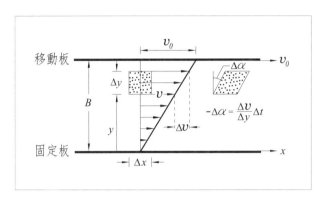

圖 4.1　平板帶動流體元素之變形

另一板在拉力作用下以速度 v_0 在平行於板面的 x 軸方向移動；該拉力除以板面積即爲作用於流體上的剪應力 τ。若在垂直於板面 y 軸方向二點間距 Δy 的流速增量爲 Δv，則流體元素 $\Delta x \Delta y$ 的角變率 $-\Delta\alpha/\Delta t = \Delta v/\Delta y$。剪應力與變形率的比例常數定義爲動力黏性係數，其關係可表如下：

$$\tau = \mu\frac{dv}{dy} \tag{4-1}$$

上式中 μ 爲流體種類的函數且可能依運動狀態而變，而 μ 值不依運動狀態而變的流體稱爲牛頓流體。顯然地，爲排除物理上不可能存在 $\tau \to \infty$ 的狀態，流速的變化必須是具有連續性的，亦就是說相鄰二層流體之間的流速不可以有突變。因此在固定邊界上的流速必須爲 0，而與移動邊界接觸的流體速度必須等於邊界的速度 v_0；這樣的邊界條件叫做非滑動邊界條件，即與邊界接觸的流體必須與該邊界同速度。

由於二平行板間的流線均爲平行於板面的直線，在兩端斷面上壓力相等的條件下，元素 $\Delta x \Delta y$ 就沒有加速度；因 x 方向的壓差爲 0，故剪力差亦爲 0。換句話說，在 $\Delta x \Delta y$ 元素的頂面與底面的剪應力大小相等但方向相反。這種情況可以導致的結論爲：在無壓差的條件下，二平行板間 y 方向各點的剪應力爲定值。根據這個結論，將式（4-1）對 y 積分可得：

$$v = \frac{\tau}{\mu}y \tag{4-2}$$

上式表明流速 v 的分布爲隨 y 作線性增加，這種特殊流況稱爲**庫頁特流**（Coette flow）。

(2) 黏性係數之量測

依照式（4-1）的關係，由試驗設備量測 τ 及 $v(y)$ 就可以推算出 μ 值。現在就以二平板間距爲 B 的流場爲例，如圖 4.1 所示，來說明如何求得動力黏性係數 μ 值。首先，假設上平板移動速度 v_0 是由拉力 F 所帶動，平板面積爲 A，則 $\tau = F / A$；而在 $y = B$ 處 $v = v_0$，將這些條件代入式（4-2）就可以得到

$$\mu = \frac{F}{A}\frac{B}{v_0} \tag{4-3}$$

由式（4-3）可知只要量測上平板的面積 A、拉力 F、移動速度 v_0 以及二平板的間距 B，就可以求得 μ 值。

4.2 壓差驅動之黏性流

1. 黏剪力與壓差之關係

前文第二章及第三章已經提到，在流場中沿著兩點之間連線的方向若有流體重力分量或位變加速度，則其間會有壓差。在這裡可以加上第三項因素，即如果該二點間因相對運動而有剪應力（因其由黏性效應而來，故以下改稱爲黏剪力）亦會導致壓差。以下就以二維平行恆定流爲例來說明第三項因素導致壓差的理由。

如圖 4.2 所示，取一個立方體元素 $\Delta x \Delta y \Delta z$，若設定流向是在 x 方向，而且流速在 z 方向沒有變化，則在 x-y 平面上沒有 x 方向的黏剪力存在。因此，在 x 方向的作用力僅有圖上所示二個 y-z 平面上的壓力及二個 z-x 平面上的黏剪力。由於沒有流體加速度的關係，x 方向作用力之和必須爲 0，亦即：

$$\Delta \tau \Delta z \Delta x - \Delta p \Delta y \Delta z = 0 \tag{4-4}$$

其中 $\Delta p = (\partial p / \partial x) \Delta x$ 及 $\Delta \tau = (\partial \tau / \partial y) \Delta y$，並將之代入式（4-4）化簡成爲：

$$\frac{\partial p}{\partial x} = \frac{\partial \tau}{\partial y} \tag{4-5}$$

由於 $\partial p/\partial x$ 是作用在單位流體元素上 x 方向的壓力梯度，而 $\partial \tau/\partial y$ 是作用在該單位流體上的黏剪力梯度，因此式（4-5）表明作用在單位流體元素上外力的平衡。

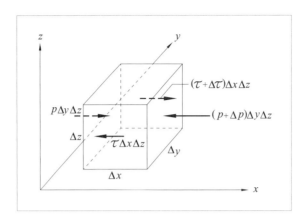

圖 4.2　流體元素上之 x 方向壓力與剪力

2. 二維壓力流

　　在二維平行恆定流的條件下，各斷面上的壓力在 z 方向的分布均為靜水壓分布，各條流線均為平行直線，在法線方向的壓力梯度 $\partial p/\partial y = 0$ ，因此沿著任一條流線上各點的壓力梯度是相同的，而且 $\partial p/\partial x = dp/dx$ 。在無壓差的情況下，二平板間的流場壓力梯度 $\partial p/\partial x = 0$ ，故由式（4-5）可以推論得到：τ 在任何一點都是相同的。這也就是前一節所述庫頁特流的情況，其驅動力來源為上邊界移動所加之於流體的黏剪力。

　　這裡接下來所要討論的是二個固定的平行板間的流場，如圖 4.3 所示，若 x 軸在水平方向，則流場驅動力來源為壓力梯度；若 x 軸不是在水平方向，則驅動力為測管水頭梯度。由於流線均為平行於固定邊界的直線，故沿程壓力梯度或測管水頭梯度為定值。在此情況下，將式（4-5）對 y 積分並代入在中心線 $y = B/2$ 處之 τ 為 0 的對稱性條件，可得：

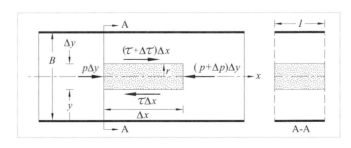

圖 4.3　二維壓力流流體元素之壓力與剪力

$$\tau = -\frac{dp}{dx}(y - \frac{B}{2})\qquad(4\text{-}6)$$

由上式可以明顯看出，在這種情況下，黏剪力隨著 y 作線性變化；也就是這樣的線性變化使得剪力梯度 $\partial\tau/\partial y$ 到處都是一樣的定值。式（4-6）的線性變化如圖 4.4 所示。將式（4-1）代入式（4-6）後，對 y 積分並代入流速 $v = 0$ 的邊界條件可得：

$$v = -\frac{1}{2\mu}\frac{dp}{dx}(By - y^2)\qquad(4\text{-}7)$$

式（4-7）表明二平板間的流速呈拋物線型分布，在中心線 $y = B/2$ 處流速 v_m 為最大，即：

$$v_m = -\frac{1}{8\mu}\frac{dB}{dx}B^2$$

將式（4-7）從 $y = 0$ 到 B 積分後，除以 B 求得其斷面平均流速 V 如下：

$$V = -\frac{1}{12\mu}\frac{dp}{dx}B^2\qquad(4\text{-}8)$$

比較最大流速與平均流速可知 $v_m = 1.5V$。由於流況為均勻流，故 dp/dx 為定值；設定 $L = x_2 - x_1$ 為斷面①至斷面②之距離，則此二點間的壓差為：

$$p_2 - p_1 = -\frac{12\mu VL}{B^2}\qquad(4\text{-}9)$$

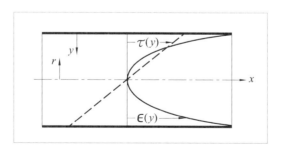

圖 4.4　二維或圓管之剪力與能耗率分佈

3. 圓管壓力流

在直徑為 D 的水平圓管流中取一圓柱體元素，考慮水平作用力之平衡，如

圖 4.5 所示，可建立黏剪力 τ 與壓力梯度 dp/dx 關係如下：

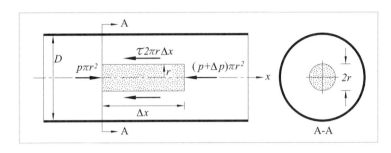

圖 4.5　圓管壓力流流體元素之壓力與剪力

$$\tau = -\frac{dp}{dx}\frac{r}{2}　　　　　　　　　　　（4\text{-}10）$$

上式中 r 為以圓心為座標原點向外的徑向距離；在管壁上 $r = D/2 = r_0$。以管壁為起點向圓心方向的座標 $y = r_0 - r$，因此將式（4-1）中以 $dy = -dr$ 替代，並與式（4-10）結合後對 r 積分，再代入邊界流速 $v = 0$ 的條件，可得：

$$v = -\frac{1}{4\mu}\frac{dp}{dx}(r_0^2 - r^2)　　　　　　　　（4\text{-}11）$$

在圓管中心線 $r = 0$ 處之流速 v_m 為最大，即：

$$v_m = -\frac{1}{4\mu}\frac{dp}{dx}r_0^2$$

　　式（4-7）與式（4-11）均表明流速分布為拋物線，但圓管中心線為對稱軸，所以流速分布其實是一個拋物線繞著對稱軸旋轉所形成的拋物線體表面。同樣地，對整個圓管斷面作積分後再除以斷面積可得平均流速為：

$$V = -\frac{1}{8\mu}\frac{dp}{dx}r_0^2　　　　　　　　　（4\text{-}12）$$

　　比較圓管中的最大流速 v_m 與平均流速 V，可知 $v_m = 2V$。最後，以 $r_0 = D/2$ 代入上式並對 x 積分，求得壓差為：

$$p_2 - p_1 = -\frac{32\mu VL}{D^2}　　　　　　　　　（4\text{-}13）$$

式（4-13）稱為**波伊瑞里**方程式（Poiseuille equation）。如果將上式等號二側各乘以管子的斷面積可得：

$$(p_2 - p_1) A = -8\pi\mu VL \qquad (4\text{-}14)$$

由於是恆定均勻流的關係，式（4-14）表明等號左側為作用於管長 L 兩端的總壓差，而右側為該段管壁作用於流體上的總阻力，兩者互相平衡。

4. 圓球外部流

上述式（4-8）及式（4-12）是黏性為影響流況的唯一流體物性時的典型關係式。在給定 B 及 r_0 情況下，其所表達涵義為縱向的壓力梯度與平均流速及動力黏性係數成正比例，而其比例常數則與流場的幾何形狀（二維或圓管）有關。這裡要特別提的是在沒有加速度的情況下，流體密度並沒有在這些關係式中出現。這一類關係式就形成了探討潤滑課題或高黏性流動現象的基礎。

如果圓球周邊外部流的加速度效應甚小可略去不予考慮，則球體表面所受黏剪力和上述的固體邊界間沒有加速度的內部流管壁上黏剪力是類似的。然而，外部流關係式的理論推演要較上述的內部流複雜許多，因此在這裡就只能從物理現象的觀點來思考。若嚴格限制在高黏性緩慢流場的情況下，對作用於圓球表面的黏剪力作積分可以得到流體對球體的拖曳力 F_D，則比照式（4-14）等號右側的形式可將拖曳力寫成：

$$F_D = K\mu\, v_0 D \qquad (4\text{-}15)$$

其中 v_0 為上游遠處來流的流速，相當於圓管流的斷面平均流速 V；D 為圓球直徑，相當於圓管流的管長 L；K 為比例常數。由理論分析並經試驗證實結果 K 值為 3π。換言之，置於高黏性緩慢流場中的圓球所受到的拖曳力為：

$$F_D = 3\pi\mu\, v_0 D \qquad (4\text{-}16)$$

上式稱為**史托克斯**方程式（Stokes equation）。這裡所謂高黏性緩慢流，嚴格地說應在雷諾茲數（詳 4.4 節）$R_D = v_0 D / \nu \leq 0.1$ 的條件下才可適用，但應用上常取 $R_D = 1.0$ 為近似條件。

在思考作用於圓球表面的拖曳力時，積分過程是將每一點的黏剪力分解成沿來流方向的分量與垂直於來流方向的分量；由於上半部球面以上的流場與下半部以下的流場是對稱的，上、下對應點的垂直分量因大小相等方向相反而互相抵消，故實際上只有對沿來流方向的分量作積分而已。

至於球面上各點的壓力，由於高黏性緩慢流的加速度效應可略而不計，球體前半部與後半部的壓力分布都很接近靜液壓分布，因此兩者也幾乎互相抵消。綜合以上的分析，可以得到一個結論：在高黏性緩慢流場中，圓球所受到的拖曳力主要是由黏剪力而來的。

史托克斯方程式可以有一項特別的應用：當一個相對較小的圓球在相對高黏性流體中開始沉降時，呈加速度狀態，因此所受阻力（相當於拖曳力）漸增，直到球體浸沒重量與阻力 F_D 相等後，成為等速運動，稱為終極沉降速度 w_0，由式（4-16）可得：

$$w_0 = -\frac{(\gamma_s - \gamma_f)\forall}{3\pi\mu D}$$（4-17）

其中 γ_s 為球體的比重量；γ_f 為流體的比重量；$\forall$ 為球體的體積；$(\gamma_s - \gamma_f)\forall$ 為球體浸沒重量，亦即球體重量減去其浮力。

式（4-17）亦可用來從試驗推求流體的動力黏性係數。試驗裝置只需一直立圓筒，其內盛滿黏性流體，選擇一比重量較流體者稍大的小圓球，讓小圓球從上端自由落下，觀測該球的終極沉降速度 w_0，即可由式（4-17）反推 μ 值。此時應注意 $R_D < 1.0$ 的條件是否滿足，如否則另擇直徑更小或比重量較輕的小圓球，重新試驗直到 $R_D < 1.0$ 為止。

4.3 黏剪力之能耗率

1. 能耗率

由前兩章所述可知無黏性流體元素周邊壓差作用力對該元素所做的功可以轉成動能或位能。然而在水平均勻黏性流場中，既無位能改變亦無動能變化，因此維持此種黏性流場的周邊作用力所做的功就變成熱能，這個結果就如同固體運動的摩擦現象一樣。換句話說，流體元素在流動過程中，由變形引發黏剪力以阻抗變形，而造成變形的作用力所作的功必須等於黏剪力所產生的熱能。

前述的數個恆定均勻流的案例中，對於流體元素作功的外部作用力均可以追蹤到某一項外部的媒介，例如水力機械或流體本身的重力，兩者都可以看成是機械能的來源。另一方面，如果流體已經是在流動狀態，不論外部的媒介是否持續對流體作功，流體內部自己也會作功產生熱能。換句話說，產生熱能所花的代價就是動能的消耗；在沒有外部媒介持續作功情況下動能轉換成熱能之後，流場的速度會漸漸趨近於 0。因此，可將黏剪力阻抗流體變形的過程視為機械能轉換成熱能的方法。

　　基於上述的觀點，可求得恆定均勻黏性流的能量轉換率，在圖 4.2 所示的流體元素上，x 方向作用力的和爲 0，但作用在前、後兩個 z-x 平面上的黏剪力成爲一對力偶。這對力偶對該元素所消耗的功率 ΔP 爲力偶矩與角變形率 $\Delta v / \Delta y$ 的乘積，即：

$$\Delta P = (\tau\,\Delta z\Delta x)\Delta y\,\frac{\Delta v}{\Delta y} \tag{4-18}$$

上式等號兩側均除以流體元素之體積 $\Delta x\Delta y\Delta z$，並令該元素的體積趨近於 0，即可得單位體積流體的能耗率 $\in$ 爲：

$$\in\ =\ \tau\frac{dv}{dy}\ =\ \frac{\tau^2}{\mu} \tag{4-19}$$

　　不論是二維或圓形管中的黏剪力從管壁的最大值依線性遞減到管中心爲 0，如圖 4.4 所示，故單位流體的能耗率由管壁至中心成拋物線型遞減。因此，最大的熱能產生區就是在管壁上。就以二維恆定平行流場來看，將黏剪力 τ 與壓力梯度 dp/dx 的關係式（4-6）代入式（4-19）後對斷面作積分即可得到在 x 方向流經單位距離（以下簡稱單距）的總能耗率：

$$\frac{dP}{dx}\ =\ \frac{B^3}{12\mu}\left(-\frac{dp}{dx}\right)^2\ =\ q\left(-\frac{dp}{dx}\right) \tag{4-20}$$

上式表明壓力梯度 dp/dx 對單寬流量 q 所作功率等於該流量經過單距的能耗率。

　　基於同樣的道理，對於水平均勻圓管流而言，兩端斷面①及②之間管長 L 的壓差 $L\,dp/dx$ 對流量 Q 所作功率 ΔP 爲：

$$\Delta P\ =\ -\frac{dp}{dx}LQ\ =\ (p_1 - p_2)Q \tag{4-21}$$

上式表明爲維持恆定均勻的水平圓管流所必須做的功率 $Q(p_1 - p_2)$ 等於該段管長中總能量消耗率，而所消耗的能量均透過黏剪力作用而轉換成熱能。

2. 測壓管水頭損失

　　如果黏性流體流經的管道是傾斜的，則管流的壓力變化將同時受到重力及黏剪力作用的影響，其中重力的影響可用式（3-1）的 $-\gamma\partial z/\partial s$ 來表示，而黏剪力部分可由式（4-13）的 $32\mu V/D^2$ 來表示；若設定管流的方向爲 s，則沿程壓力及重力效應 $\gamma h_p = p + \gamma z$，其中 h_p 爲測壓管水頭。因爲流線均爲互相平行的直線，故在斷面上各點的測壓管水頭均相同,但由於黏剪力作用的關係,測壓管水頭沿 s 方向遞減;經過一段距離 L 後的水頭落差與黏性效應的關係比照式(4-13)可表如下:

$$\gamma(h_{p2} - h_{p1}) = -32\mu\frac{VL}{D^2} \qquad (4\text{-}22)$$

上式表明黏剪力耗能的結果使得管流的測壓管水頭沿程遞減,稱為測壓管水頭損失。式(4-22)與式(4-13)的等號左側不同之處是在於用 $\gamma(h_{p2} - h_{p1})$ 替代 $p_2 - p_1$ 而已。

4.4 雷諾茲數之意義

1. 非均勻黏性流之尤拉數變化

如前文所述,恆定均勻管道流因為沒有加速度,所以其壓力梯度、流速及管徑之間的關係式,並沒有流體密度出現。相反地,在非均勻流的情況下,因為有位變加速度,所以流體密度就不可以忽略。例如圖 4.6 所示在斷面漸縮的管道當中,不但由於黏剪力的作用使壓力在沿程漸減,而且因為流速沿程漸增而使壓力更進一步降低。

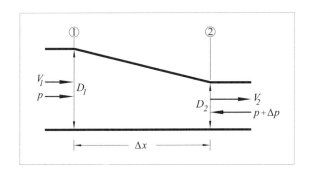

圖 4.6　非均勻流之壓力與流速變化示意圖

雖然黏剪力及加速度的綜合效應的理論解析是一項繁雜的工作,但是以一些較為簡化的定性分析也可以對若干現象的了解有所助益。在一個黏性流場中,考慮兩種可能情況,第一種:如果動力黏性係數很高而密度或流速很低,則黏剪力對壓力梯度的影響可能遠遠超過加速度慣性力的影響;第二種:如果動力黏性係數很低而密度或流速很高，則產生加速度所需要的壓力梯度會遠大於克服黏剪力所需的壓力梯度。

在第一種情況下，如圖 4.6 所示流場中，相距 Δx 的斷面①及②之間壓差 Δp 可依類似式（4-13）的關係表成 $-\Delta p' = C'\mu\, V\Delta x / D$，其中 $V = (V_1+V_2) / 2$，$D = (D_1 + D_2) / 2$，C' 為依邊界幾何形狀而定的係數。在第二種情況下，二個斷面間的壓差 $\Delta p''$ 可以式（2-6）的關係可表成 $-\Delta p'' = \rho\,(V_2^2-V_1^2) / 2$。

顯然在給定的邊界條件之下，介於上述二種極端情況之間會有許多種可能的流況存在；這也就是說各種可能情況需依慣性力與黏剪力相對大小而定。不過，為了簡化起見，可以將 $\Delta p'$ 及 $\Delta p''$ 直接相加並令 $\Delta p = \Delta p' + \Delta p''$ 後再除以 $\rho V^2 /2$ 而得：

$$\frac{-\Delta p}{\rho V^2 /2} = 2C'\frac{\mu(V/D)}{\rho V^2} + \left(\frac{V_2}{V}\right)^2 - \left(\frac{V_1}{V}\right)^2 \qquad (4\text{-}23)$$

上式等號左側為前文所述的 $1/E^2$，等號右側第一項的分子代表黏剪力，分母則代表慣性力，而第二及三項是邊界幾何形狀的函數。顯然慣性力對黏剪力的相對重要性可以從 0 到無窮大。將兩者的比值定義為**雷諾茲數**（Reynolds number）[1] $R = \rho V D/\mu$，則式（4-23）等號右側第一項可以寫成 $2C'/R$；當 $R \to \infty$ 時，代表黏剪力相對很小，$2C'/R$ 項可以忽略不計；反之，則慣性力相對很小，$2C'/R$ 項扮演重要角色。因此從式（4-23）可以得到一個結論：在給定斷面形狀條件下的黏性流場中，尤拉數 E 是會隨雷諾茲數 R 而變。換言之，它們之間的關係可表為：

$$E = \text{f}(R，邊界形狀) \qquad (4\text{-}24)$$

不論從理論或實務的觀點來看，式（4-24）均可用以評估黏剪力的效應。

2. 雷諾茲相似律

如上所述，雷諾茲數 R 是一個代表慣性力與黏剪力相對重要性的參數；這和前文第三章所述的福祿數是代表恆定流的慣性力與重力相對重要性的概念是一樣的。由於在 R 參數當中動力黏性係數與密度以 μ/ρ 形式出現，故為方便起見將此

---

[1] Osborne Reynolds 為英國人，其姓氏發音較近似「雷諾茲」，故本書採此音譯。

一比值當做流體本身的一項物性，稱為運動黏性係數 ν。就如同在 F 參數當中流體比重量與密度比值 $\gamma/\rho = g$ 的單位因次是長度 L 除以時間 T 的平方，即 $[L/T^2]$，為純運動的物性，$\mu/\rho = \nu$ 的單位因次是長度 L 的平方除以時間 T，即 $[L^2/T]$，亦為純運動的物性。因此，雷諾茲數的組成只涵蓋一項特徵長度 L、一項特徵流速 V 以及一項流體的運動物性 ν，即：

$$R = \frac{VL}{\nu} \qquad (4\text{-}25)$$

由上式之組成變數來看，R 愈大則表示黏剪力對於流場的影響就愈小；當 $R \to \infty$ 時，相對於慣性力而言，黏剪力對流體變形的阻抗幾乎完全無效。相反地，當 $R \to 0$ 時，黏剪力就如前所述扮演極為重要的角色，而相對應的慣性力是可以忽略不計的。

如前文第二章及第三章在說明 E 及 F 的意義時所採用圓管末端孔口流為例，這裡再一次用圓管末端孔口流來說明流量係數 E 在黏剪力的作用下隨 R 而變的物理意義。由圖 4.7 所示試驗結果可知，當 R 很大時，E 趨近但不等於無黏剪力作用的理論值 0.611，這是因為實際有黏性的流體在 R 值變大時，黏剪力作用對流場的影響變小。相反地，當 R 值變小時，E 值就會隨著 R 有較大幅度的降低，顯示黏剪力作用對孔口的流量係數有可觀的影響。

仔細觀察圖 4.7 中 $E \sim R$ 關係曲線，可以發現在 R 值介於 $4 \times 10 \sim 3 \times 10^5$ 的區間，$E > 0.611$。這顯示在這個區間的黏剪力作用反而使孔口流量係數增加。這

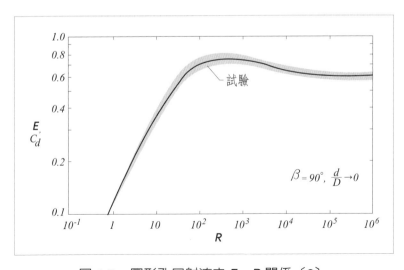

圖 4.7　圓形孔口射流之 $E \sim R$ 關係〔6〕

個現象可以從物理上來解釋：孔口射出的流量由兩個因素來決定，其一為流速，另一為射流斷面積。在無黏剪力作用的情況下，因為沒有能量損失，所以每一條流線在射流最小縮束斷面上的流速都相同，而且流速水頭等於來流的總水頭。在有黏剪力作用的情況下，來流流速呈拋物線分布，也就是說在來流中央部位的流速及總水頭較靠近管壁部位者為大，因而有較大比例的來流量處在流線彎曲度較小的管道中心部位。這就有如來流的有效管徑 D' 變小，使孔口徑對管徑比 d/D' 變大，因而 C_c 及 C_d 也會隨著增加，如圖 2.7 及圖 2.8 所示。

以上是純就流場的邊界幾何形狀的影響而論，但依定義來看 $E = V / \sqrt{2(-\Delta p)/\rho}$，其中 V 為射流平均流速；Δp 為孔口下游周遭環境與上游遠處孔口的壓差。在給定 Δp 的情況下，當雷諾茲數 R 很低時，黏性變形成為主導流場形態的主要因素，因而上游來流至射流孔口處的能量損失隨著運動黏性係數 ν 的增加而相對地大幅度增加，以致射流斷面的流速 V、雷諾數 R 以及流量係數 $C_d (= E)$ 都隨運動黏性係數 ν 的增加而有較大幅度的降低。

將以上二種因素綜合來看，在來流及幾何條件給定之下，如果 ν 很大，R 很小，則能量損失大而使射流的流速 V 及 E 值相對變較小；但隨 R 逐漸增加，ν 的影響跟著下降而致 E 增加。當 R 大到某一定程度以上，流場會產生大小漩渦形成紊流，紊流動量交換作用致使管流中心部位的流速分布變成較為均勻的情況（詳下節），於是有效孔口徑對管徑比 d/D' 趨近於 d/D，E 值趨近於理論值 0.611。

從以上所述，可知在任何一組給定的邊界幾何條件之下，一個特定的 R 值就會對應一個特定的 E 值。因此，不論流速、密度、黏性係數及幾何尺度的絕對值大小，每一個 R 值都會有一特定的對應流場形態。就黏剪力的作用而言，如果二個幾何相似流場的 R 值相同，則表示二者之間具有動力相似性。這個相似性有高度的實用意義，在黏性及慣性效應為主的流場中，可用來將模型試驗結果轉換為原型實況的相似律。

4.5 黏性流之不穩定性

1. 層流擾動

前文第 4.3 節所述能耗率與黏剪力的關係，是限定在最基本的恆定均勻流條件之下，其流線不僅維持互相平行而且流速不隨時間而變。然而，如上節所述，同樣的關係亦適用於恆定非均勻流情況，不過流線及流速分布形態就隨著邊界的形狀而變。事實上，如果個別流線的形態是由邊界幾何形狀所控制，則許多前述考量因素亦仍然可以適用。在這種流況下，由於流線（或許稱為流面較為妥當）看起來就如同把整個流場分割成與邊界形狀呼應的有秩序多層流線管，所以就把具有這種特性的流場稱為層流。

在黏性流場中，不論何種來源的局部擾動都有可能形成和層流的基本觀念不相容的情況。在一定條件下，任何局部擾動源的動能會漸漸地被其所引致的額外黏剪力消耗掉，最後使流場恢復到原來的層流狀態；在別的條件下，流場受干擾所產生的黏剪力無法抑制擾動源的動能，以致使擾動源有機會擴散到整個流場。這時候的流場就變成了紊流，那就不可以再用前述的層流運動的方式來處理。由於在運動的流體中，微小的擾動是不可避免的，而且紊流是流體運動的最重要現象之一；因此在給定條件之下，流況是否穩定是一個值得探討的課題。

2. 不穩定參數

在黏性係數很小的流場中，如果有一流速剖面變化非常劇烈之處，例如噴射流出口以很高的流速射出後，進入原為靜止的周遭環境流體，兩者的接觸面即為流速劇變處，則其兩側各形成流速梯度非常大的薄層，稱為剪力層，其厚度會漸漸向下游擴大，如圖 4.8(a) 所示；不同斷面①、②及③的剪力層厚度及其流速分布剖面之比較如圖 4.8(b)。在剪力層之外的流場因為流速梯度很小，故很接近非旋流狀態；而在剪力層內由於流速梯度很大，故有很大的渦度而成為具強烈旋轉趨勢的旋轉流。此時，如果剪力層受到與流線垂直的側向擾動，則此流線會產生局部彎曲如圖 4.8(c) 所示。流線一旦有了局部的彎曲，其上下相鄰的流線的間距大小就會有變化，在間距大的地方流速變小壓力變大；反之，則流速變大壓力變小。如此一來，流線之間會產生側向壓差，在不同位置的壓差正負交替的情況下，側向干擾加大而致剪力層的流線彎曲的幅度擴大，連帶亦使鄰近的流線受到明顯的擾動。流線受到擾動而彎曲之後，沿主流向與側向均會產生擾動流速；側向擾動流速的方向與流線側移方向相同。當然，距剪力層中心愈近的流線受到擾動的程度愈高、愈遠則愈低。這樣的擾動過程若持續進行，則最後將會使剪力層的流線發成展一連串的漩渦，如圖 4.8(d) 所示。

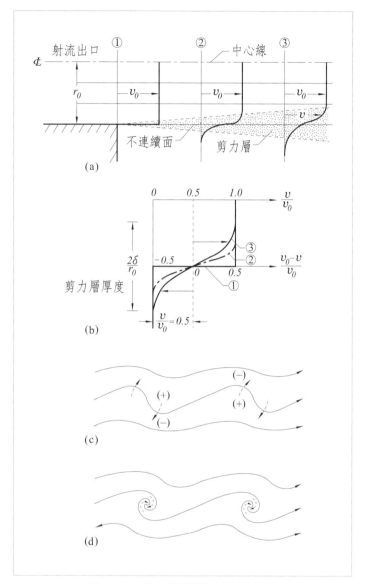

圖 4.8　剪力層不穩定性示意圖

　　上述的推理是基於流體的黏性係數很小的情況下，可能產生的物理現象。由於漩渦的強度與剪力層的流速梯度 dv/dy 直接相關，如果擾動流速已經給定，則黏性係數愈高的流體愈會使漩渦的發展受到抑制。在另一方面，如果黏性係數已經給定，則愈大的擾動流速愈會將黏剪力效應相對降低，而使漩渦的發展受到慣性力的激勵。這裡必須特別提醒的是構成慣性力的組成因素除了流速之外，還有流體的密度，也就是說在給定的擾動流速之下密度愈大的流體慣性力愈大，而較容易激勵漩渦。另外，在流場中固體邊界附近的擾動流速的發展同樣地會受到壓抑，也就說流線在受干擾而朝側向移動的趨勢被固體邊界所制約而較難擴大。

由以上的論述可知，在黏性流場中任一點的流速受到擾動後，是否會出現不穩定的漩渦，其決定因素包括流體密度 ρ、流體動力黏性係數 μ、該點至固體邊界的距離 y、以及流速梯度 dv/dy。將這四個變數組成一個表示流場不穩定性的無因次參數 S 如下：

$$S = \frac{\rho y^2}{\mu} \frac{dv}{dy} \qquad （4\text{-}26）$$

如上所述，流場中任一點的 ρ、y、dv/dy 值愈大則該點的不穩定性愈高，而 μ 值愈小不穩定性亦愈高。因此，上式等號右側的組合顯示 S 值愈大不穩定性愈高。

在給定 ρ 及 μ 的條件下，由式（4-26）可知，S 值隨 y 及 dv/dy 而變，而 dv/dy 又為 y 的函數，故實際上 S 僅隨 y 而變。就以常見的管道流或明渠流的流速剖面來看，v 隨 y 增加而增加，如圖4.9(a)所示；但 dv/dy 隨 y 增加而減少，如圖4.9(b)所示。因此，S 隨 y 遞增至某一位置之後轉而隨 y 遞減，如圖4.9(c) 所示。這也就是說在流速剖面的中間部位某一點的 S 值達到最大；如果這個最大 S 值大於某一個臨界值 S_c，則流速擾動就會使慣性力大於黏剪力而成為漩渦成長擴大的起始點。

在各種不同條件下，許多試驗的結果顯示 S_c 值約為 500。一般而言，在流場中如果沒有任何一點的 S 值接近 500，則這個流場是穩定的。在這種情況下，不論是何種擾動，都不可能使漩渦成長擴大而變成紊流；但是如果 $S \gg 500$，則任何流速擾動都可能形成紊流漩渦。

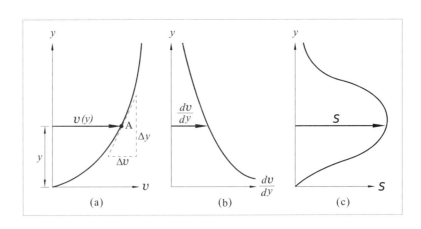

圖 4.9　近固定邊界區域層流不穩定性參數之變化趨勢

3. 臨界不穩定參數與雷諾茲數之關係 [12]

式（4-26）所定義的不穩定參數在物理意義上是與雷諾茲數相當的。將式（4-26）等號右側改寫成 $\rho y \Delta v / \mu$（其中 $\Delta v = y\, \partial v / \partial y$），就可以看出其型式是與雷諾茲數相同的。將二維層流的流速分布式（4-7）對 y 微分並與式（4-8）聯合，可得 $dv / dy = 6V(B - 2y)/B^2$；將之代入式（4-26）可得：

$$S = \frac{6V}{\nu B^2}(By^2 - 2y^3) \tag{4-27}$$

將上式對 y 微分並令其結果為 0，可求得 S 最大值所在之處為 $y_m = B/3$。在 y_m 處的 S 值若增至某一特定值而致流場開始出現紊流，即為不穩參數臨界值 S_c。將 $y_m = B/3$ 值代回式（4-27）可得：

$$S_c = C_s R_c \tag{4-28}$$

其中 $C_s = 6/27$；$R_c = VB / \nu$ 為二維流出現紊流的臨界雷諾茲數。式（4-28）建立了不穩定性參數 S_c 與 R_c 的對應關係，也就是說流場中 y_m 處的 S_c 值可由對應的 R_c 求得，反之亦然。在圓管流的情況下，同樣可以推得 $y_m = D/3$ 及式（4-28）的關係，但其中的係數 $C_s = 8/27$。

以雷諾茲試驗（詳下一小節）所定出發生紊流的圓管流臨界雷諾茲數 $R_c = 2,000$ 推算對應的不穩定性參數臨界值為 $S_c = 590$；若令 S_c 值為 500，則 $R_c = 1,688$ 較雷諾茲數試驗結果為低。在二維流情況下，若設定 S_c 值為 590，則 $R_c = 2,655$；若 $S_c = 500$，則 $R_c = 2,250$。這顯示二維平行流臨界雷諾茲數較圓管流為大。

由以上可知，流場臨界不穩定參數與雷諾茲數之間關聯係數 C_s 隨著斷面邊界形狀而變。這是因為流場中任一點的不穩定參數值為該點之流速梯度及其與邊界距離遠近之函數，而流速梯度依斷面固定邊界的形狀而異。

最大 S 值發生在 $y_m = B/3$ 或 $D/3$ 而該處的流速梯度分別為 $2V/B$ 或 $2.67V/D$；在 $B = D$ 且 S_c 值相同的條件之下，顯然二維平行流的流速梯度值較小，而其對應的 R_c 值較大。其實這個結果已分別經反映在係數 C_s 值為 6/27 或 8/27。由此可以預期介於二維平行流及圓管流之間任何規則斷面形狀的 $S_c \sim R_c$ 關聯係數 C_s 值落在 6/27 至 8/27 的範圍內。

從物理觀點來看，雖然二維平行流及圓管流的流速剖面均為拋物線型分布，但圓管流的高流速部位所佔斷面積比例較二維平行流者為低，以致該部位的流速較大，因而使整個流速剖面的梯度亦較大。這也可以從二維流的 $v_m/V = 1.5$，而

圓管流的 $v_m/V = 2.0$ 得到印證。

4. 雷諾茲試驗

　　由於雷諾茲數代表了流場的整體特性，因此在給定的流場邊界幾何條件之下，可以預期一個特定的 R 值能夠作為流場不穩定性的指標。其實，英國科學家雷諾茲（O. Reynolds）早在十九世紀就用圓管流試驗證實這個論點，也因此這個代表流場不穩定性的指標被命名為雷諾茲數，其主要試驗裝置為一水箱及一玻璃管，為使進入玻璃管中的流線平順，進口端為一圓順喇叭形狀，並另裝設一個針孔射流口以釋放細微染色煙線。裝滿水的水箱事先非常小心安靜地置放數小時不受任何外界擾動，之後打開玻璃管下游端閥門甚小的開度，針孔釋出的細微染色煙線很穩定地隨著水流通過玻璃管中，看起來就像沒有在流動的樣子，如圖 4.10(a)。此時，將閥門開度緩慢地加大，管中的流速逐漸增加，起初染色煙線仍會保持穩定狀態，但流速增加到一定程度時就會出現不穩定的波動狀況如圖 4.10(b)；如果繼續增加流速，則波動現象會加劇，也就是波動幅度加大、頻率加快，以至最後染色煙線漸向下游兩側擴散到幾乎涵蓋了整個斷面，如圖 4.10(c)。

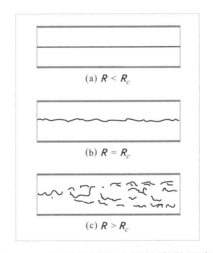

圖 4.10　雷諾茲試驗之煙線變動示意圖

　　雖然雷諾茲從這個試驗之中發現：不論管徑大小，水流不穩定現象發生在 R_c $\approx 2 \times 10^3$ 左右，但後來的研究者證明層流不穩定現象的發生和流場擾動的特性有密切的關聯。例如試驗前增長安靜置放的時間、改善喇叭形進口端的圓順程度、並儘可能地消除所有擾動源等處理之後，利用雷諾茲原有的試驗裝置去重新作相同的試驗，結果發現不穩定現象可以在 R_c 高達 40,000 時才發生。換句話說，維持層流穩定的 R_c 值上限是不明確的，但產生流況不穩現象的 R_c 值將隨擾動強度的增加而遞減。

相反地，每一種給定的邊界形狀，有一確定的紊流啟動的下限值 R_c 存在；當 $R < R_c$ 時，不論流場擾動強度有多高，其動能皆會被黏剪力作用耗損而使擾動消失。圓形管流的 R_c 值為 2,000，其他各種斷面形狀、各類流況（包括內部流、外部流、自由水面流 … 等）各有不同的 R_c 值。這固然是受到斷面形狀對流場流速分布的影響，但亦和組成 R 的長度參數有關；然而不變的是代表流場整體特性的雷諾茲數小於 R_c 值時，不論多強的擾動，流場都會維持穩定，而且當然是層流。由於流場能夠免於局部擾動而在高 R 值之下保持層流狀態不是實務上常見的情況，因此只有下限 R_c 值才具有實用上的重要性。

4.6 流體紊動特性

1. 紊流混合過程與能耗

一旦黏性流場的任一部分變成不穩定，由其所產生的大大小小漩渦會很快地擴散到整個流場，而導致非常複雜、隨時間變化的運動形態；這樣的流體運動現象叫做紊流。在這種情況下，流線形狀隨時在變化而致複雜到令人難以處理。顯然這現象是與層流理論不符合的；層流理論是說，除了無關緊要的分子擴散效應之外，相鄰二層流體之間一直維持明確的區隔而不互相混合。事實上，紊流現象被認為是類似分子運動現象的放大，也就是說巨觀的流體漩渦間互相混合可以從微觀的分子間互相混合現象找到對應的類比。

紊流不僅涉及相鄰流體層之間由漩渦互動而產生連續不斷的動量交換，而且還導致能耗率的大幅增加，這兩種效應是相互密切關聯的。如雷諾茲試驗中所顯示，當染色流體從流場的一處由於漩渦運動混合作用而帶到另一處時，在管道中央部位的較高動量流體團便與邊界附近的較低動量流體團互相交換。這樣一來，斷面上瞬時流速 v 的分布曲線因漩渦運動混合作用而呈現振盪，如圖 4.11 所示，其中任一點的點均流速 $\bar{v}$ 定義為該點的縱向流速 v 對時間之平均值，而流速振盪量為 $v' = v - \bar{v}$。將紊流之點均流速分布曲線與層流的流速分布曲線作一比較，如圖 4.12 所示，可知前者較後者均勻許多；這顯然是因爲紊流漩渦混合作用的動量交換結果。同時，紊流的近邊界區域點均流速梯度增加至遠大於層流的流速梯度，因而紊流的邊界上黏剪力 τ_0 也就相應地增加。

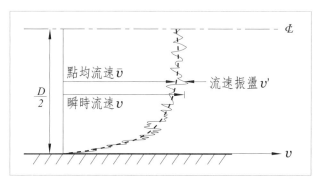

圖 4.11　圓管紊流之瞬間流速分布

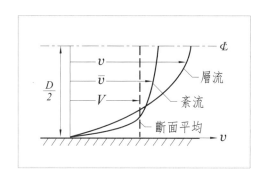

圖 4.12　層流及紊流點流速之分布

由式（4-10）可知，壓力梯度 dp/dx 隨著 τ_0 的增加而增加，而此式並未限定是紊流或層流，故兩者均可適用。由於紊流的 τ_0 遠大於層流者，因此代表流場整體能耗率的 dp/dx 也就跟著增加。式（4-10）表明若邊界上的 τ_0 增加，則斷面上任一點的剪應力也以同樣的比例增加。在紊流情況下，除邊界附近的區域之外，點均流速梯度雖較層流者爲小，但因漩渦運動的動量交換效應，致使紊流之剪力較層流者爲大。

這裡必須特別一提的是：複雜的漩渦運動所導致點均流速與瞬時流速差值 v'，具有特別的物理意義。換言之，紊流可以被視同爲一連串隨時間變化的漩渦

疊加在點均流速 $\bar{v}$ 的流場之上。個別漩渦有近似組合渦流的流場，當其移動至一指定斷面時就會將渦流流場 v' 疊加到 $\bar{v}$ 之上，如圖 4.13(a) 之 A 點，而 v' 值爲正或負則依漩渦位置及其旋轉方向而定。另外，因漩渦本身爲旋轉流，故其內在黏剪力之能耗率遠超過點均流速所能顯示者。

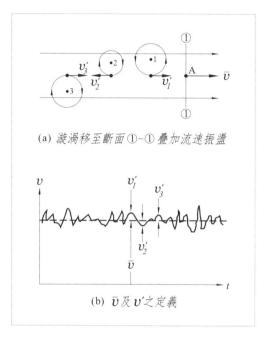

(a) 漩渦移至斷面①-①疊加流速振盪

(b) $\bar{v}$ 及 v' 之定義

圖 4.13　流場中定點之流速振盪

2. 漩渦黏性係數

由於紊流的流況隨著時間持續在變化，因此只有當各點瞬時流速有連續的資訊可供統計分析才會是有意義的。爲此，乃利用流體分子運動與漩渦運動間的粗略相似概念，將紊流流場視同爲一連串隨時變化的漩渦疊加在點均流速的流場之上，並進而建立點均紊流剪力 $\bar{\tau}$ 與點均流速梯 $d\bar{v}/dy$ 的關係式表如下：

$$\bar{\tau} = \eta_t \frac{d\bar{v}}{dy} \qquad (4\text{-}29)$$

上式中 $\bar{\tau}$ 及 $\bar{v}$ 上方的橫短線表明任一點的點均值；η_t 爲動力漩渦黏性係數，類比於分子的動力黏性係數 μ。這樣的做法消除了考慮漩渦內部瞬時黏剪力的必要性；而這紊流剪力的平均效應則是透過點均流速梯度與係數 η_t 來表達。

　　依氣體分子運動理論而言，氣體的黏性係數依該氣體的密度、分子的平均自由路徑、以及分子的平均速度等因素而定。如果採用微觀分子運動與巨觀漩渦運動的類比概念，則動力漩渦黏性係數必須為流體密度 ρ、漩渦的平均規模（代表漩渦間距）ℓ_t，以及漩渦運動的代表速度等因素的函數。最適合代表前述第三個因素的是瞬時流速振盪量 v' 的點均值 $\overline{v'}$，但依點均流速定義來看 $\overline{v'} = 0$（見圖 4.13(b) 所示），因此改採其均方根值 $\sqrt{\overline{v'^2}}$ 為代表。由於 μ 是隨溫度而變的流體物性之一，故若維持等溫，則各點的 μ 為定值。然而係數 η_t 所涵括的因素除了密度 ρ 為物性之外，其餘二者都是流性相關因素。因此，可以合理地預期在流場中 η_t 會隨著空間位置而變動。將 η_t 除以 ρ 可以得到一個僅隨流性而變的參數 $\varepsilon = \eta_t/\rho$。顯然參數 ε 是與分子的運動黏性係數 ν 相當的運動漩渦黏性係數，它應是隨漩渦規模 ℓ_t 及流速振盪量的均方根值 $\sqrt{\overline{v'^2}}$ 而變 [2]。

　　雖然對漩渦流性的量測是件非常艱難的工作，但是量測的結果是深具意義的。圖 4.14 所示為管流中從管壁到中心點之間的漩渦流性的分布狀況。由圖可知，在不同地點的漩渦平均規模 ℓ_t 從管壁上的 0 逐漸增加到管中心位置為最大值，而流速振盪量的均方根值 $\sqrt{\overline{v'^2}}$ 則從管壁附近的最大值朝向管中心遞減。這兩者的乘積 $\varepsilon = \ell_t \sqrt{\overline{v'^2}}$ 則大約在管壁與中心點之間的中間部位呈現最大值。由此可知，紊流的混合效應必然是在這個中間部位最為顯著，在管中心部位則較低，

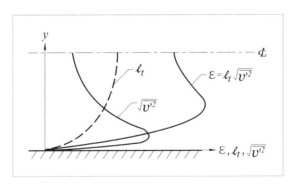

圖 4.14　圓管紊流漩渦運動特性參數之變化

---

[2]　為方便起見，以下各章節涉及紊流變數的點均值不再使用橫短線，但變數振盪量的均方值仍保留橫短線，以免混淆。

而在管壁上達到最低值 0。這個現象不僅在能耗率的分析至為重要,而且在熱傳及沉滓懸浮運移課題上亦是很重要的。事實上,由於 ε 提供了紊流漩渦混合效應的直接量度,所以常被稱為漩渦擴散係數。

在給定的邊界幾何及來流條件之下,由於紊流漩渦的最大尺寸受制於流場邊界幾何尺度 L,故漩渦的平均規模 ℓ,將依 L 而定;而流速振盪量 $\sqrt{v'^2}$ 則依流場的斷面平均流速 V 而定。因此,整個流場斷面上的運動漩渦黏性係數平均值 ε 必然隨著 VL 而變。將以上兩者分別除以流體運動黏性係數,可得 $\varepsilon/\nu \sim R$,亦即表示在紊流流場之運動漩渦黏性係數與流體運動黏性係數的比值隨雷諾茲數而變。換言之,被視為紊流混合過程的相對有效度的 ε/ν 比值隨著 R 的增加而增加。如果在兩種流況下的邊界幾何相似而且 R 值相同,則它們之間也就具有動力相似性。

4.7 邊界表面阻力

1. 邊界層現象

在未考慮黏性效應的情況下,流場的形態基本上是為流場固體邊界的幾何形狀所控制的。然而由於黏性流體接觸到固體邊界處須與該邊界的速度相同,因此在固體邊界附近的流場就會與無黏性的理想流場大不相同。本節以及下一節將探討黏性效應對流速分布的影響,並進而推估其對固體邊界上的作用力。

如前述數節所討論的,因黏性作用修正理想流場的範圍及程度將依該流場的代表性雷諾茲數 R 而定。這也就是說 R 值愈小黏性效應的影響愈大;相反地,R 值愈大黏性效應重要性就愈低。就理論而言,雖然黏性對流體變形的阻抗效應可以擴展到整個流場的任何角落,但在高 R 值情況下,實際上僅在固體邊界附近有明顯的影響。在廿世紀初,德國科學家**普朗特**(L. Prandtl)對於這樣一個現象的瞭解可以說建立了近代流體力學的基礎。

舉個例子來說,流經一個如圖 4.15 所示圓弧曲面邊界上的流場,其上游來流流速為 v_0。如果只考慮極高的黏性效應 R 值相對地小,則其流速側向分布是隨著沿邊界法線方向的距離從 0 漸漸增至極限值 v_0,如曲線①;如果考慮極低的黏性效應 R 值很大,因而加速效應相對重要,則其流速分布由近邊界上的最大值隨著距離減至來流的 v_0,如曲線③,與非旋流者非常近似。顯然 R 值介於二者之間者,則對應之流速分布如曲線②。

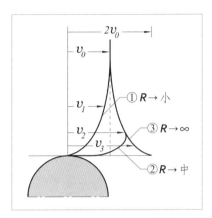

圖 4.15　邊界對流場之影響隨 R 變化

　　只要流速分布如曲線①或②者，固體周圍附近的流場形態就不可能用流網分析法來求解，即便是近似解也不可能。曲線③因接近非旋流的流速分布，故可用流網求得近似結果，但在邊界附近會有一定程度的誤差。因此，在後者的情況下，可以假設黏性效應所引致的流體元素的變形絕大部份侷限在邊界附近的薄層中，也就是普朗特所稱的邊界層。如果雷諾茲數 R 足夠大（實際工程上的課題大都是如此），流網分析法仍然可以應用於邊界層外部有關流場變化的解析，而邊界層內部黏性效應的解析則有賴於邊界層理論來處理。

2. 層流邊界層

　　由實際現象來看，邊界層的厚度和流場邊界尺寸相比是很小的一個薄層。爲方便討論起見，假設有一個平板固定在黏性流場當中，其板面與來流平行，則平板面上會有一個邊界層沿程發展。在任何一個斷面的流速分布如圖 4.16(a) 所示，流速 v 在板面上爲 0，但沿著 y 方向在很短的距離內就趨近於來流流速 v_0。定義流速 $v = 0.99\, v_0$ 所在之處 δ 爲邊界層厚度，其涵義就是絕大部份的黏性效應所引致的流體元素變形發生在 δ 範圍之內。

　　當流體沿板面往下游流動時，邊界層內部的黏剪力經由流體元素變形而往 y 方向傳遞；因此，造成邊界層厚度 δ 隨著沿程距離 x 成長，其成長率隨著距離 x 逐漸趨緩。換句話說，如果邊界層相對厚度是取 δ 對 x 的比值，x 爲從平板前緣起算的沿程距離，而且代表性的雷諾茲數爲 $R_x = v_0 x/\nu$ 所組成，則 δ/x 爲 R_x 的函數。事實上，理論近似解析及試驗結果顯示，層流邊界層裡的流速大約成拋物線

分布;而其厚度 δ_ℓ 沿程變化可用下式近似表示之:

$$\frac{\delta_\ell}{x} = \frac{5}{R_x^{1/2}} \tag{4-30}$$

從上式可看得出來,如果給定一個自平板前緣起算的距離 x,則層流邊界層的相對厚度 δ_ℓ / x 會隨著流速的增加而降低,但隨著 ν 的增加而增加。同樣地,如果給定了流體、平板及來流流速等條件,則 δ_ℓ 會隨著距離 x 的增加而增厚,如圖 4.16(a) 的曲線①所示。

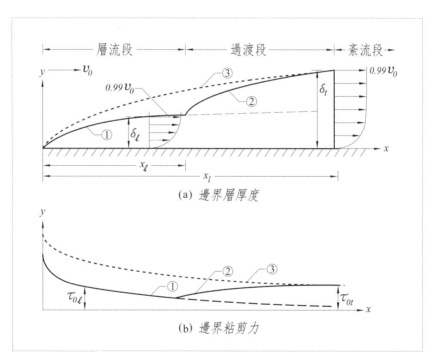

(a) 邊界層厚度

(b) 邊界粘剪力

圖 4.16　邊界層厚度及黏剪力沿程變化趨勢

　　如果邊界層內部的流速分布沿程均維持拋物線型,而且 δ_ℓ 沿程增厚,則在平板面上的流速梯度就會沿程降低。採拋物線型流速分布為 $0.99\, v_0 - v = C\,(\delta_\ell - y)^2$,其中 $C = 0.99\, v_0 / \delta_\ell^2$;將之對 y 微分後代入 $\tau = \mu\, dv/dy$ 可推得板面黏剪力為 $\tau_0 = 1.98\,\mu\, v_0 / \delta_\ell$,並與式(4-30)聯合可得:

$$\tau_0 = c_f\, \frac{\rho v_0^2}{2} \tag{4-31}$$

其中 $c_f = c_f' / R_x^{1/2}$，為局部拖曳力係數。由理論推導結果可知 $c_f' = 0.792$，但試驗結果顯示 $c_f' = 0.664$。式（4-31）所表示的是板面上任一點受到流體運動作用的黏剪力與來流的關係。將式（4-31）沿 x 從 0 到 L 積分，並採 $c_f' = 0.664$，可得寬度為 B 的平板拖曳力 F_D 為：

$$F_D = C_f L B \frac{\rho v_0^2}{2} \tag{4-32}$$

上式中 C_f 為板長 L 範圍內之平均拖曳力係數，其與雷諾數之關係可以表如下：

$$C_f = \frac{1.33}{R_L^{1/2}} \tag{4-33}$$

上述拖曳力是純由黏剪力作用於平板表面的結果，故稱為表面拖曳力（surface drag）。將式（4-32）的拖曳力除以平板面積 BL，即為板面平均黏剪力 $\tau_{0,av} = C_f \rho v_0^2 / 2$。

3. 紊流邊界層

由於平板表面上的邊界層厚度隨著 x 增加而增加，沿程各斷面的不穩定參數 S 也就跟著往下游方向增加。其實 S 是隨著 δ_ℓ 增加，而 δ_ℓ 是隨 R_x 增加的；R_x 的增加可能是由於 ν 減少、x 增加或 v_0 增加所致。換言之，如果平板長度夠長的話，層流邊界層就會變成不穩定而發展出漩渦，而且很快地變成紊流。引發邊界層紊流的臨界 R_x 值約為 4×10^5，但會隨著來流流況及平板前緣的條件而有甚大的差別。在一般情況下，板面上會同時有層流邊界層及紊流邊界層存在，如圖 4.16(a) 所示之①及②。如果平板很長或上游端有充分的擾動源，則層流邊界層區段佔總長度的比例可能很小而可以忽略；此時總拖曳力的計算可假設整個紊流邊界從平板前緣開始，如圖 4.16(a) 所示之③。以上三種邊界層發展的情況，板面上對應的黏剪力變化趨勢如圖 4.16(b) 所示。

邊界層中有紊流出現不僅使擾動區域範圍快速擴大，而且亦大幅改變速度分布與板面拖曳力。換言之，紊流所引發的混合作用使得邊界層的大部分區域的流速分布較為均勻，同時在板面附近產生流速剖面的急劇變化。事實上，在板面是光滑的情況下，紊流邊界層底下靠近板面處仍維持一層很薄的層流，稱為層流次層，如圖 4.17 所示。在此種狀況下，如前所述，板面上的流速梯度決定了剪力及拖曳力。在 $R_x \leq 2 \times 10^7$ 範圍內，試驗結果顯示紊流邊界層的流速分布約為

$\upsilon \sim y^{1/7}$，而其對應的適用範圍內邊界層厚度 δ_t 可表如下：

$$\frac{\delta_t}{x} = \frac{0.37}{R_x^{1/5}} \tag{4-34}$$

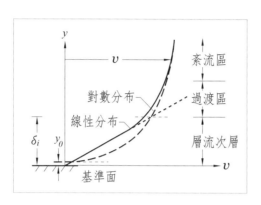

圖 4.17　邊界層流次層之定義

從 $x \approx 0$ 至 L 積分後可得平均拖曳力係數：

$$C_f = \frac{0.074}{R_L^{1/5}} \tag{4-35}$$

在 $R_L > 2 \times 10^7$ 之後，層流次層以上的區域的流速趨近於對數分布（詳下一小節），從 $x = 0$ 到 L 積分後可得卡門－雄荷（Karman-Schoenherr）方程式：

$$C_f = 4.13 log_{10}(R_L C_f) \tag{4-36}$$

將式（4-33）、（4-35）及（4-36）的 $C_f \sim R_L$ 關係繪於圖 4.18，由圖可見其各自的適用範圍。

　　如果平板不是很長而且上游端沒有充分的紊流擾動源，則層流邊界層及紊流邊界層各自所佔的區段可能相差不多，其間從層流邊界層轉變成紊流邊界層的過渡區段亦有一相當的比例。因此在過渡段上述各個 $C_f \sim R_L$ 關係式均不能適用，而必須採用圖 4.18 中 $R_L = 4 \times 10^5 \sim 8 \times 10^6$ 區間的試驗曲線。如果平板上游端有充分的擾動源，則全程均為紊流邊界層，因而其拖曳力係數可由式（4-35）或式（4-36）決定。比較圖 4.18 三種不同情況下的 C_f 曲線與圖 4.16(b) 的三條 τ_0 曲線，可以發現前者與後者的變化趨勢相當類似，顯然兩者是密切關聯的。

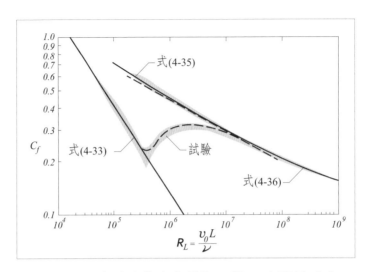

圖 4.18　平板表面拖曳力係數 C_f 與 R_L 之關係〔6〕

　　以上係用最簡單的平板面的流況來說明邊界層的概念。其實在應用上，邊界層現象在每一種邊界形狀的流場中都扮演重要的角色。例如在管徑爲 D 的圓管入口端上游來流流速 v_0 爲均勻分布，層流邊界層從入口端開始發展，其邊界層厚度沿程逐漸增加直到 $\delta_\ell = D/2$ 爲止，位置大約在 $x/D = 0.07\,R$，其中 $R = v_0 D/\nu$。到這個位置之後邊界層厚度不再增加，流況眞正成爲均勻流，流速剖面爲抛物分布。不過，如果入口處擾動夠強或雷諾茲數夠大，則在層流邊界層厚度在未達到管中心之前，流況就產生不穩定狀態，其後續發展就依照紊流邊界進行，最終約在 $x/D = 50$ 處達成均勻流，除在邊壁附近的層流次層之外，流況爲紊流。

4. 近邊界之流速分布

(1) 平滑邊界

　　在紊流狀態下，如果式（4-29）中的紊流剪力與漩渦動力黏性係數的比值 τ/η_t 可以表成 y 的函數，則可將之積分求得點均流速之分布 $v(y)$。許多試驗結果顯示 τ/η_t 是與 y 成反比，而與剪力速度 $u_*(= \sqrt{\tau_0/\rho})$ 成正比，其比例常數爲 2.5。如此一來，式（4-29）可以寫成：

$$\frac{dv}{dy} = 2.5\frac{u_*}{y} \qquad （4\text{-}37）$$

上式積分可得流速的對數分布關係如下：

$$\frac{v}{u_*} = 5.75 log_{10} \frac{y}{y_0}$$ （4-38）

其中 y_0 為 $v = 0$ 那一點的 y 值，如圖 4.17 所示。離邊界 y_0 處流速為 0 並不合乎物理實況。在光滑平面上，靠近邊界附近的流況必定是層流；仔細觀察圖 4.17 的流速分布可以發現層流次層的範圍遠大於 y_0，而且層流次層與紊流區域之間還有一個過渡區域。實際上，如果以紊流區域的對數型流速分布曲線與層流次層的拋物線型流速分布曲線之交叉點 $y = \delta_i$ 為界限，則 δ_i 代表層流次層的厚度（注意：代表並非意謂等於）。因此，y_0 與 δ_i 之間會有一定的關係。

由於 $y = \delta_i$ 為層流次層穩定的界限，故其不穩定參數上限值 S_c 為定值。因為層流次層甚薄，所以在 $y \le \delta_i$ 範圍內的黏剪力 τ 可由邊界黏剪力 τ_0 代替之，亦就是說圖 4.17 中之層流次層流速分布可以直線近似之。在這種情況下，式（4-29）回到層流的關係，即：

$$\frac{dv}{dy} = \frac{\tau_0}{\mu}$$ （4-39）

將式（4-39）積分可得層流次層的流速分布如下：

$$\frac{v}{u_*} = \frac{yu_*}{\nu}$$ （4-40）

令式（4-38）之對數分布曲線與式（4-40）之直線相交點 $y = \delta_i$ 處之流速相等，可得：

$$\frac{\delta_i u_*}{\nu} = 5.75 log_{10} \frac{\delta_i}{y_0}$$ （4-41）

同時令式（4-26）中之 $y = \delta_i$ 並將式（4-39）之 dv/dy 代入式（4-26），取其結果的開方根可得：

$$S^{1/2} = \frac{\delta_i u_*}{\nu}$$ （4-42）

尼柯拉濟[3]（J. Nikuradse）的管流實驗結果建立了以下關係：

$$\frac{\delta_i u_*}{\nu} = 11.6$$ （4-43）

將上式代入式（4-42）可得邊界層流次層的不穩定參數臨界值 $S_c = 135.6$。此一

---

[3] Johann Nikuradse 為德國人，其姓氏發音較接近「尼柯拉濟」，故本書採用此音譯。

S_c 值與上一節所述均勻二維流或圓管流之 S_c 值低甚多,顯示在發展中的邊界層較為不穩定。聯合式(4-43)與式(4-41)可推得:

$$y_0 = 0.11 \frac{\nu}{u_*} \tag{4-44}$$

將式(4-44)代入式(4-38)並經整理後,可得平滑表面層流次層上方的流速分布為:

$$\frac{\upsilon}{u_*} = 5.75 log_{10} \frac{yu_*}{\nu} + 5.5 \tag{4-45}$$

　　將式(4-40)及式(4-45)同時繪於半數紙上可以看到二者交點在 $\delta_l u_*/\nu = $ 11.6 處,如圖 4.19 所示,但實驗的數據在交點附近並不完全與二曲線符合。就物理上而言,這樣的差異是合理的,因為式(4-40)所代表的是完全沒有紊流漩渦存在的層流狀態,而式(4-45)所代表的是完全發展的紊流狀態。這也就是說從層流次層進入到完全紊流狀態有一段漸變的區域,稱為過渡區。

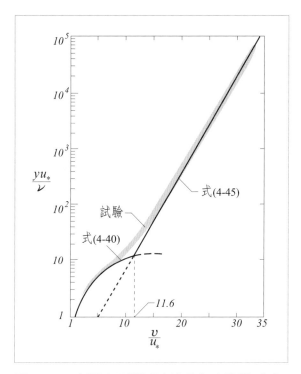

圖 4.19　光滑邊界附近流速分布之驗證〔4〕

(2) 粗糙邊界

在邊界是粗糙的情況下，如果粗糙顆粒的高度 k 大於 δ_i 值，那就難以認定層流次層是存在的。在另一方面，假設參數 y_0 與 k 成正比或許可以視為合理。事實上，尼柯拉濟於管壁上緊密黏貼砂粒作試驗結果顯示，當 $k > 10\delta_i$ 時 $y_0 = k/30$。將此 y_0 值代入式（4-38）可得粗糙表面附近之流速分布如下：

$$\frac{\upsilon}{u_*} = 5.75 log_{10} \frac{y}{k} + 8.5 \qquad (4\text{-}46)$$

當式（4-46）中之 $y/k = 1$ 時，$\upsilon/u_* = 8.5$，其意義為在粗糙顆粒頂端處 $\upsilon = 8.5u_*$；就物理現象而言，顆粒頂端以下的空間有部份被顆粒佔據，造成流速在側向與縱向的分布甚為不均勻，但若分別在各個不同 y 處取流速的側向分布平均值，仍可發現 υ 隨 y 變小而且快速遞減，至 $y_0 = k/30$ 處 $\upsilon = 0$。

4.8 流場中之物體受力

1. 邊界層之流離

(1) 邊界層理論之限制

非旋流及層流分別代表以慣性力與黏剪力為主導的二種極端情況。在恆定非旋流的數學分析當中假設無黏剪力效應，因而得到完全無阻力的流體運動。另外一方面，在恆定層流中黏剪力效應顯然主導著壓力及流速分布，使其與前者之流網所標示流場大不相同。事實上，「變形拖曳力」一詞可說是恰當地描述後者的流場特性，隱含著基本流場的流體元素有廣泛且顯著的變形。然而如前所述介於這兩種極端之間的流況，流體元素變形則侷限於邊界附近的薄薄一層。在這種情況下，流網可望合理地標示絕大部份流場的壓力與流速分布，而實際阻力是邊界表面阻力，幾乎完全由邊界層的黏剪力而來。

以上所述結論的前提是以下三項限制條件必須滿足：(i) 擬建構流網的區域沿邊界任一點的邊界層厚度是薄到可以忽略的；(ii) 邊界層內的壓力與邊界層外緣者是幾乎相同的；(iii) 由於沿固定邊界上各點的流速必須為 0，因此依照邊界曲率變化而須有減速的對應關係者，在物理上是不可能發生的。第 (iii) 項表明，在固定邊界附近流線輻散趨勢所對應的減速關係無法持續維持，但流線輻合趨勢則會減輕黏剪力效應。

(2) 流離現象

如圖 4.20 所示，在一曲線型固定邊界左半段 ab 的走向偏向流場，逼使邊界附近原為水平方向的流線往上方偏，因而流速必須逐漸向下游方向增加。在這種情況下，邊界層發展的趨勢多少會被流線輻合及其加速效應所抵消。因此，在薄薄的邊界層之外，流場的速度分布可以由流網來決定，並且進而可求得包括邊界層邊緣在內的各個位置的壓力分布。

在另外一方面，圖 4.20 邊界右半段 bc 的走向偏離流場使邊界附近的流速必須漸減。在這種情況下，由於固定邊界上的流速已經是 0，近邊界沿程減速就不可能持續，所以只有近邊界的流線不繼續貼近邊界，才有可能往下游方向流動，如第一章之圖 1.15 所示，這樣的不連續性的發生就是流線離現象。在黏性流場，這一條離開邊界的流線下方兩側形成一個流速梯度很大的剪力層，因而帶動其流離區內流體運動。由於流離區是一封閉區域，因此其內部流場就成為一個渦流。

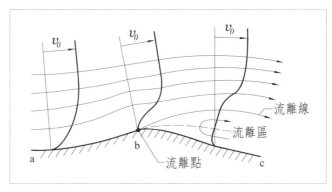

圖 4.20　邊界層減速區之流離現象示意圖

如果分離流線的形狀可以完全確定，則仍可利用流網來求得流離區外的流場速度與壓力分布近似解。一般而言，流離點的位置依邊界形狀及其粗糙度而異，且隨雷諾茲數而變，因而流離現象定量分析的難度甚高。實際上，只有在邊界形狀為一突變轉向的情況下，流離點才會固定在轉角點上。若邊界形狀為一緩變的曲線，則流離點的位置會隨著 R 值的增加而朝上游方向移動；當邊界層由層流變成紊流時，流離點會突然往下游方向遷移，這是由於紊流漩渦動量交換的結果。將固定邊界的表面粗糙化可以提早促成紊流漩渦的產生，因此常可看到運用這種方法去減輕流離效應。另外，邊界層內低流速的流體亦可藉由固定邊界表面上預留的細縫吸走，以消除流離現象。

(3) 體形效應

邊界層流離現象的重要性除了它使得應用流網分析輻散的流場變成不可能之外，還有兩點值得一提：其一為流離點下游流離區的流速緩慢，因而其壓力平均值與流離點的壓力相近；由於流離現象通常發生在加速轉變成減速之後的附近區位（仍屬低壓區），因此流離區亦為低壓區；其二為流離現象所引發沿著下游邊界表面附近的渦流發展成為尾跡區的紊流。下游低壓區與上游高壓區的壓差產生淨作用力，因其大小與物體形狀有關，故稱之為體形拖曳力（form drag）。同時，由於渦流的規模相當大，周遭流場的能量被渦流大量地吸取消耗。簡而言之，流離現象必然增加流場對物體的拖曳力（亦即對於在流體中移動物體的阻力）；而且流場的一部份能量經由紊流漩渦及黏剪力作用而消耗，成為能量耗損。

2. 物體表面之壓力分布

在低雷諾茲數流場中，因為流速非常小，浸沒物體表面的壓力分布很接近靜水壓狀態，因此並沒有什麼特別值得關注的地方。不過，在高雷諾茲數的情況下，作用在物體上的壓力不再是靜水壓分布，可能使前方與後方壓差變成相當大，因此必須有詳細的壓力分布才能計算該物體在流場中的受力，進而求得維持其平衡穩定的設計並分析其所耗損的能量。

然而在高雷諾茲數流況下，只要物體形狀能夠避免流離現象發生或使流離現象的影響降低到很輕微的程度，就可透過非旋流理論求得近似壓力分布。圖 4.21 所示為一潛艇體模型表面壓力分布試驗值與理論值的比較，由圖可以看出僅在潛艇體尾端附近有些差異。這顯示了潛艇體邊界形狀變化和緩而且邊界層紊流幾乎將不連續的分離區完全消除掉。如果潛艇體的直徑不變但長度縮短，使其邊界曲率增加，則將導致流離現象而使潛艇體表面的前後壓差變大。相反地，潛艇體長度增加固然可以降低甚至消除流離現象所致的壓差，但卻因邊界總黏剪力增加使能量耗損增加，而致壓差也跟著改變。由於黏剪力與雷諾茲數 R 有直接關聯，因此任一點之壓差隨著雷諾茲數、物體形狀及該點之座標位置而異的函數關係可表如下：

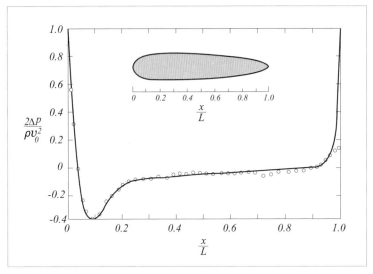

圖 4.21　潛艇體模型表面之壓力分布〔6〕

$$\frac{\Delta p}{\rho v_0^2 / 2} = \mathrm{f}(R，體形，座標位置) \qquad （4-47）$$

　　一個正對著來流的圓板，如圖 4.22(a) 所示（圓板之半），可以當做是由軸對稱潛艇體壓縮而來的極端變形。在這種情況下，用非旋流理論解析的流場如圖中虛線所示；由於圓板前後的流線形狀是對稱的，在板的兩面有同樣的滯點壓力，而圓板邊緣的曲率半徑為 0，故其壓力必須是負無限大；然而這樣的壓力在物理上是不可能的，因此流線必須從板緣分離。當然流離發生之後，板緣附近的流線曲率半徑會變大，結果雖然使板緣的壓力提升一些但仍是低壓，因而使整個圓板背後的流離區維持此一低壓狀態。圓板的前面及背面實測壓力分布，如圖 4.22(b) 所示，長板的壓力分布亦示於圖中供作比較。雖然長板上游面的壓力略低於圓板者，但其下游面的壓力則是遠低於圓板者，因此單位板面積所受壓差以長板者較大。長板背面壓力較低的原因是由於在相同板面積條件下，長板的板緣過流長度較圓板者為小，如圖 4.22(c) 所示，使得來流通過板緣處的流線間隔較小、流速較高、壓力較低，以致背面流離區壓力亦較低。

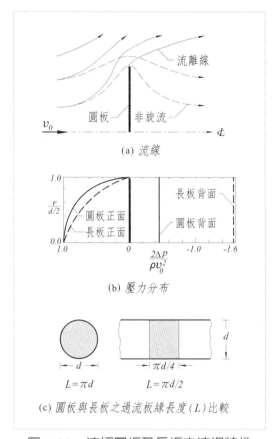

圖 4.22 流經圓板及長板之流場特性

圓球體可以說是潛艇體的另一種變形。以非旋流（$R \rightarrow \infty$）之流場形態來看，圓球體表面的壓力分布曲線是對於球體中間斷面前後對稱的；其最大壓力則發生在二個停滯點，而最低壓力則在球面上方及下方，與來流方向成 $90°$ 及 $270°$ 的方位，如圖 4.23 中之 (a)。對黏性流場而言，在中等 R 值範圍 $2 \times 10^4 \sim 2 \times 10^5$ 的區間，邊界層仍為層流，其流離點位於中間斷面的附近上游部位如圖 4.23 中之 (c)；當 R 值大於 2×10^5 時，邊界層內會產生紊流漩渦，使得較高流速的流體捲入邊界層內，因而將流離點推向下游部位，並將球體表面的後半部的壓力顯著提升，如圖 4.23 中之 (b) 所示。這裡須特別注意的是在加速區壓力分布曲線與非旋流理論者非常相近，但在流離發生的減速區則兩者差異甚大。

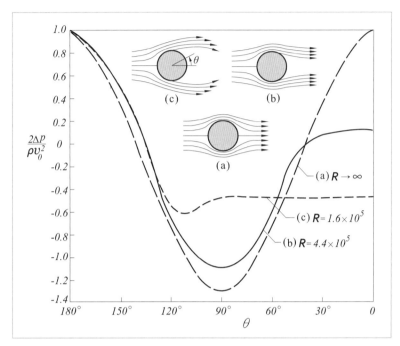

圖 4.23　流經圓球之流場及表面壓力分布

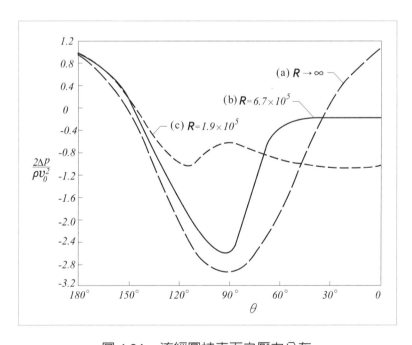

圖 4.24　流經圓柱表面之壓力分布

對應於圓球體周圍三維流場，圓柱體周圍二維流場的壓力分布如圖 4.24 所示。兩者的變化趨勢雖有若干程度之相似性，但圓柱體表面最低壓力遠低於圓球體表面者，而且尾跡區的壓力亦低於圓球體者。這個差異現象的原因正如同上述圓板與長板的板緣過流長度差異的道理一樣。

3. 總拖曳力

(1) 拖曳力關係式

流動中的流體作用在浸沒物體上的縱向總拖曳力 F_D 為物體表面上的正向壓力與切向剪力二者的縱向分量綜合所構成。在高 **R** 值的情況下，對流線形物體而言，正向壓力的綜合影響有限，因此總拖曳力可以說是主要由邊界層黏剪力而來。另外一方面，如果物體外形具有稜角，其流離區域內之壓降對拖曳力的貢獻大大超過物體表面之黏剪力，以致總拖曳力幾乎全由物體前、後方壓差所構成。前者可說是表面拖曳力，而後者為體形拖曳力的情況。介於這二種極限情況之間，表面及體形拖曳力個別所佔的比重可以由試驗量測壓力及黏剪力分布求得。

一般而言，為達成設計目的所需的資料為總拖曳力而非其分量。由於黏剪力及壓力均與 **R** 有關，在式（4-47）中的 Δp 可由縱向力 F_D 除以該物體在來流方向之投影面積 A 取代，結果定義為拖曳係數 C_D，可表成：

$$C_D = \frac{F_D/A}{\rho v_0^2/2} = \text{f}(R，體形)\tag{4-48}$$

以上關係式表明若物體形狀給定，則 C_D 將隨 **R** 而變。只要此一函數關係為已知（可為圖形或為數學式），則該物體所承受的總拖曳力 F_D 可由式（4-48）求得。

由於 C_D 值是表示在相同的物體投影面積及流場條件下，不同物體形狀對於拖曳力的影響，因此探討其隨物體形狀及 **R** 之變化情形具有深層意義。

(2) 旋形體[4]之拖曳力係數

圖 4.25 所示為各種旋形體的 C_D 值隨 **R** 變化的情形，此圖的縱座標及橫座標均取對數，亦即雙對數座標。由圖可以看出圓球體大約在 **R** ≤ 1.0 區域內，$C_D \sim$ **R** 關係式為 $C_D = 24/R$，其中 $R = v_0 D/\nu$，將此 C_D 代入式（4-48）即可化成史托克斯方程式 $F_D = 3\pi\mu v_0 D$。史托克斯方程式之假設條件為加速度效應可以忽略，

---

[4] 旋形體是指將一軸對稱平面繞該對稱軸旋轉 180° 而成的形體，例如一個圓形平面繞任一直徑旋轉 180° 形成圓球體。

此時整個流場的能耗率可歸因於流體元素黏性變形所致，故其拖曳力亦稱變形拖曳力，而且 $R \leq 1.0$ 的區域稱為史托克斯區域。當 $R > 1.0$ 之後，$C_D \sim R$ 關係開始明顯地偏離了直線 $C_D = 24/R$。隨著 R 的增加，黏性變形逐漸限縮到邊界附近的小範圍之內；同時，加速度效應也逐漸顯現，而且在球體後方也出現減速區。當到達 $R \geq 2 \times 10^4$ 之後，在邊界上的黏剪力影響比流場流離區的壓降相對地要小很多，因此拖曳力係數 C_D 就幾乎不再隨 R 而變，這種情況對應於圖 4.23 中之 (c) 所示的壓力分布。

在邊界層出現紊流漩渦時，因為動量交換使邊界層流速增加而致流離點往下游移動，所以流場尾跡區範圍就會突然變小；且伴隨而來的是球體後方的壓力升高，如圖 4.23 中之 (b) 所示，以致拖曳力係數明顯下降。如果球體表面非常光滑而且來流未受到任何擾動，則邊界層裡的層流狀態可以維持到 R 值達 2×10^5 才會變得不穩定而有紊流出現，使 C_D 值突然減少約 60%，如圖 4.25 右下方 C_D 值突然降低的情況。這個特定的 R 值稱為臨界值，此值會隨著邊界粗糙度以及來流的紊流強度的增加而降低。不過，邊界粗糙度會限制 C_D 值突減的程度。

圖 4.25 所示圓板 C_D 值隨 R 的變化情形則與圓球或其他軸對稱物體者有明顯差異；超越流體變形拖曳力影響範圍之後，圓板的 C_D 值幾乎與 R 無關。這是因為圓板的尾跡區的形狀及其壓力分布，如圖 4.22(a) 及 (b) 所示，完全由邊界的幾何形狀所控制。另外一個極端的情況是如圖 4.21 所示之流線形旋形體，其 C_D 值亦示於圖 4.25 中。此一流線形旋形體所承受的拖曳力係數 C_D 值約僅為同樣流況下圓板者之 5%。圖 4.25 亦顯示，橢圓旋形體在高 R 值時，一樣會因為邊界層出現紊流而使 C_D 突然降低的現象。橢圓長軸與來流方向平行者，其 C_D 值則較接近流線形旋形體者。

上述的 $C_D \sim R$ 關係圖可用來決定物體在流體中移動所遭遇到的阻力。這個問題的處理可將空間座標設定於移動的物體上，以使原為非恆定流場轉換成恆定流場。換言之，在非恆定流場中，移動物體所遭遇的阻力等於在恆定流作用於靜止物體上的拖曳力。

另外，特別值得一提的是給定重量及尺寸的自由落體終極沉降速度問題。要決定終極沉降速度 w_0 雖可以運用 $C_D \sim R$ 關係圖，但因 C_D 隨 R 而變，求解 w_0 是一個繁複的漸近試誤過程。為避免這繁雜過程，可將 $C_D \sim R$ 關係圖作適當修改；依定義 $C_D = F_D/(A\rho v_0^2/2)$ 及 $R = v_0 D/\nu$，將此二關係中之 v_0 消去，即可得：

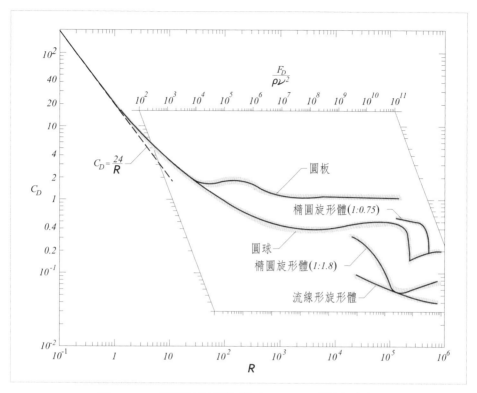

圖 4.25　各種軸對稱物體之 $C_D \sim R$ 關係〔6〕

$$C_D = \frac{8}{\pi R^2}\frac{F_D}{\rho \nu^2} \qquad\qquad (4\text{-}49)$$

上式中 $F_D = \forall(\gamma_s - \gamma)$；$\forall$ 爲自由落體的體積；γ_s 及 γ 分別爲自由落體及流體的比重量。在給定 $F_D/\rho\nu^2$ 值情況下，式（4-49）顯示 C_D 與 R^2 成反比；因此指定一個 $F_D/\rho\nu^2$ 值即可於圖 4.25 中將式（4-49）繪一條斜率爲 -2 的直線。每一條直線即爲無因次阻力 $F_D/\rho\nu^2$ 值爲定值之軌跡線，其與任何 $C_D \sim R$ 曲線的交點座標值即爲給定 F_D、ρ 及 ν 值條件下的 R 及 C_D 值；此時 υ_0 值可由 C_D 或 R 的定義計算而得。圖 4.25 中所示這一組斜直線就可以做爲推算自由落體終極沉降速度 $w_0 = \upsilon_0$ 的輔助線。

(3) 二維柱體之拖曳力係數

　　由於各種形狀的二維柱體與其相對應的三維的旋形體之間的 $C_D \sim R$ 關係具有高度相似性，圖 4.26 所示之二維圓柱、長板及流線形柱體的 $C_D \sim R$ 關係曲線變化趨勢，基本上是與圖 4.25 之圓球、圓板及流線形旋形體之 $C_D \sim R$ 曲線相似。不過,這裡必須注意到這些二維柱體的 C_D 值較三維者為高;因此可以推論有限長度柱體的二端點有三維流場出現時,則其 C_D 值會是較長柱體者低的。

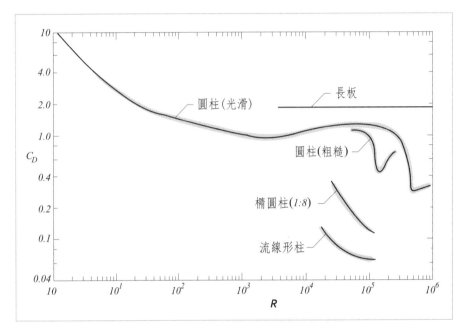

圖 4.26　各種形狀長柱體之 $C_D \sim R$ 關係

不論是二維或三維的其他形狀的物體,其拖曳力係數 C_D 的變化趨勢與上述基本形狀的物體者是類似的;物體邊界的剖面形狀變化愈劇烈,其體形拖曳力效應愈為明顯。因此,當一個固定平板的板面與流向平行時,只會有表面拖曳力而無體形拖曳力;但是當同樣一個平板的板面與流向垂直時,則其體形拖曳力變成很大而表面拖曳力很小。事實上,物體表面的流線形化,就是物體表面曲率的放鬆,以降低體形拖曳力的影響。固然流線形化的目的是將流離現象消除掉,但這裡須注意到流線形化使體形加長必然增加表面拖曳力。換句話說,當體形拖曳力及表面拖曳力之和為最小時才會達到 C_D 最小值。

就圓球而言,很可能在低 R 值的範圍極為重要,因為在此範圍內細微顆粒如在水中的泥砂或空氣中的霧、塵、煙等的運動為表面阻力所主導。在另外一方面,大部分的工程問題所涉及物體的周圍流場 R 值甚高,故其 C_D 值基本上是依體形而異。在許多種基本情況下,例如高塔或電纜線結構體所受風力可由表 4.1 所列

C_D 值來決定。在較複雜的情況下，例如橋樑受風的拖曳力、行進中火車的阻力、或水下船體的阻力等，則必須在風洞或水洞中以模型試驗建立 $C_D \sim R$ 的關係，再據以估算拖曳力或阻力。

表 4.1 各種體形之拖曳力係數 [6]

體形	幾何參數 （L/D）	拖曳力係數值 （C_D）	備註
單一圓形平板 （直徑 D）	—	1.12	$R > 10^3$
二圓形平板前後排列 （直徑 D，間距 L）	0 1 2 3	1.12 0.93 1.04 1.54	$R > 10^3$
單一矩形平板 （寬度 D，長度 L）	1 5 20 $\to \infty$	1.16 1.20 1.50 1.90	$R > 10^3$
與流向平行之圓柱 （直徑 D，長度 L）	0 1 2 4 7	1.12 0.91 0.85 0.87 0.99	$R = 1 \times 10^3$
與流向正交之圓柱 （直徑 D，長度 L）	1 5 20 $\to \infty$	0.63 0.74 0.90 1.20	$R = 1 \times 10^5$
	5 $\to \infty$	0.35 0.33	$R > 5 \times 10^5$
圓球	— —	0.50 0.30	$R = 1 \times 10^5$ $R > 3 \times 10^5$
空心半圓球（空心向上游） （空心向下游）	— —	1.33 0.34	$R > 3 \times 10^5$

4. 二維尾跡區之振盪

每一種三維旋形體都有一個對應的二維柱體，例如圓球對應長圓柱、圓板對應長板。二維柱體的特別之處在於其尾跡區的漩渦運動形態具有週期性，而三維物體者則不具此特性。此處必須交代清楚的是：由於任一流場的流離區界面均會有相當程度的振盪，所以圖 4.22 及圖 4.23 所示的流離線實為對於時間的平均線。在試驗中仔細觀察圓柱體下游的流場可以發現，其尾跡區有規則性變動的一系列漩渦群在中心線兩側交替出現，如圖 4.27 所示。顯然當漩渦交替地形成並從固體邊界脫離時，尾跡區的不連續流場就會在中心線的兩側來回擺盪。這個現象將導致在圓柱後方低壓區交替地從一邊偏向另一邊，因而產生了振盪的側向推力以及縱向拖曳力。

　　對這樣一個具週期性振盪的尾跡區流場形態，**馮卡門**（T. von Karman）曾依非旋流理論加以分析，結果得到漩渦左右間隔 a 與前後距離 λ（見圖 4.27）之比值 $a/\lambda = 0.28$，而漩渦群整體則以相對速度 $v_v = 0.35\, \Gamma/\lambda$ 移動，其中 Γ 為渦流強度（或稱渦流環流量）。換言之，如果一個柱體在靜止的流體中以 v_0 移動，則跟隨在其後方的漩渦群以小於 v_0 的速度 v_v 跟著前進。因此，如果柱體固定不動，而流體以來流速度 v_0 流經柱體，則漩渦群的絕對速度（亦即相對於柱體）為 $v_0 - v_v$。由於 $\lambda\,(v_0 - v_v)$ 代表一對漩渦從形成到脫離柱體進入尾跡區所需要的時間，這一段時間也就是柱體後方流離區的振盪週期。

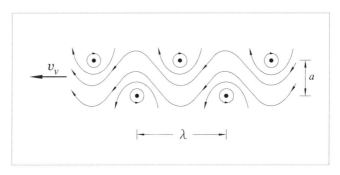

圖 4.27　移動柱體後方之尾跡漩渦示意圖

　　雖然馮卡門在分析漩渦尾跡區的特性並未考慮黏性效應，但特徵長度 a 及 λ 對柱體尺寸的比值，以及漩渦前進速度 v_v 對柱體移動速度 v_0 的比值，卻隨著柱體形狀及流場的 R 值而變。不過，在給定柱體形狀的情況下，柱體相對速度 v_0、漩渦振盪頻率 n_f 及柱體尺寸 D，可以組成無因次參數，其與 R 函數關係式可表如下：

$$\frac{v_0}{n_f D} = f(R) \qquad (4\text{-}50)$$

此一關係式可由試驗來決定。就圓柱體而言,在 R 介於 $2 \times 10^2 \sim 2 \times 10^5$ 的區間,$v_0/(n_f D)$ 約為 5;當 R 增加到使圓柱體表面的邊界層變成紊流時,$v_0/(n_f D)$ 減至約為 2.5。就來流正對二維平板面的情況而言,拖曳力不隨 R 而變,其 $v_0/(n_f B)$ 值約為 7。

　　總而言之,以上各節所述有關物體在流場中的受力分析,從壓力分布、流離現象、總拖曳力到振盪頻率等,雖然僅有少數個案可藉由各種解析方法求得流場中物體週圍的壓力分布,但這些方法可提供深具意義的整體流場定性分析,以釐清其邊界層流離的起因及其大約位置,並作為結構體可能受到危害的預警。另外,經由因次分析,這些方法亦可提供有系統的模型試驗指引;實際上結構模型於風洞及水洞進行試驗的重要性是不可忽略的。

5.1 線動量方程式

1.衝量與動量

在基本力學中，衝量定義爲作用於物體上的力量 F 與其作用時段 Δt 的乘積 $F\Delta t$；線動量定義爲物體質量 m 與該物體運動速度 v 之乘積 mv。動量原理表明作用於物體上的衝量與其所導致的動量變化相等。換言之，作用力等於線動量變化率。由於作用力 F 與 mv 均爲向量，因此二者在任何一個方向 x 的分量關係可以表成：

$$F_x = \frac{D}{Dt}(mv_x)$$

對流體而言，在一個指定小流線管中相隔 Δs 的兩個斷面間體積爲 $\Delta\forall$ 的流體元素質量 $\Delta m = \rho\Delta\forall$，如圖 5.1 所示，其所含動量（以下線動量簡稱爲動量）在 x 方向的分量爲 $\rho v_x \Delta\forall$；而 ρ 及 v_x 都可隨著時間 t 及該元素在沿流線座標 s 的位置而變，因此在 Δm 上的作用力與動量變化率之間的關係可以寫成：

$$\Delta F_x = \frac{\partial}{\partial t}(\rho v_x)\Delta\forall + \frac{\partial}{\partial s}(\rho v_x)\Delta\forall \frac{ds}{dt} \tag{5-1}$$

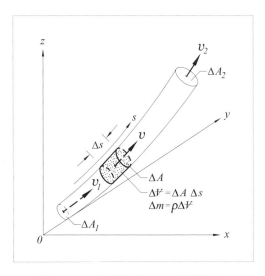

圖 5.1　　小流線管中之流體元素

　　上式等號右側第一項代表在固定位置的 $\Delta\forall$ 範圍內 x 方向動量分量對時間的變化率，稱為（定位）時變動量變化率；由於沿流線座標 s 的切線流速 $v = ds/dt$，因而第二項代表動量 $\rho v_x \Delta\forall$ 沿程經過距離 Δs 的變化率，稱為位變動量變化率。這二項的意義可以分別類比第一章所述流場中的加速度有（定位）時變加速度與位變加速度，而不同之處是在於其變數為動量分量或速度分量而已。

2. 恆定流

　　在恆定流且 ρ 為定值之情況下，$\partial(\rho v_x)/\partial t = 0$。若令 $\Delta\forall \rightarrow 0$，則式（5-1）可寫成：

$$f_x = \lim_{\Delta\forall \rightarrow 0} \frac{\Delta F_x}{\Delta\forall} = \rho v \frac{\partial v_x}{\partial s} \qquad (5\text{-}2)$$

在上式中，f_x 為小流線管中單位流體上作用力的 x 方向分量，而等號右側即為單位流體沿 s 方向移動而產生 x 方向的位變動量變化率。

　　由於一般性的流體運動是一個三維的課題，其流場之流線形態為一組三維空間的曲線所構成。若取圖 5.2 中的一小流線管來考慮，則作用在微小元素體積 $dAds$ 上的 x 方向外力 dF_x 可以表為：

$$dF_x = f_x dAds = \rho v \frac{\partial v_x}{\partial s} dAds = \rho \frac{\partial v_x}{\partial s} dQds$$

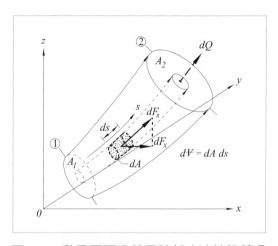

圖 5.2　動量原理沿著且跨越小流線管積分

因為沿著小流線管的流量 dQ 為給定，故將上式從斷面①積分至斷面②可得：

$$F_x = \rho(v_{x2} - v_{x1})dQ$$

上式等號左側代表在一個小流線管上所有外力的 x 方向分量之和，右側為其所對應於 x 方向的位變動量變化率。將各個小線流管累加，即為線動量方程式：

$$\Sigma F_x = \rho \int_{cs} (v_{x2} - v_{x1})dQ \qquad （5\text{-}3）$$

各個小流線管的累加構成一個總體空間範圍，稱為控制體 C∀，其表面稱為控制面 CS。式（5-3）所含流體是由許許多多的個別流體元素所組合而成，而個別元素承受了周邊相鄰各個元素的作用力。由於元素互相之間任何一個作用力都有一個大小相等方向相反的反作用力，因此在累加的過程當中，這些內部作用力就互相抵消。結果使得 ΣF_x 僅包括在 C∀ 中的流體重量及其 CS 上的作用力，兩者的 x 方向分量之和。如果控制體的邊界形狀及其表面上的作用力分布為已知，就可進行累加或積分而直接求得 ΣF_x。

在另外一方面，式（5-3）等號右側的位變動量變化率其實就是通過控制面的動量通量之總和（注意：流出為正，流入為負）。在計算動量通量時，若 C∀ 的設定能使 CS 的兩端與流線成正交，而其餘部分沿著流線，則只需計算該兩端斷面的動量通量即可求得 ΣF_x。一般而言，控制體兩端斷面上的流速是隨著空間位置而變，因此亦就必須以累加或積分的方式求算。不過，如果將兩端斷面選擇在流線互相平行的位置上，則動量方程式可用各該斷面的平均流速 V 表示之，即：

$$\Sigma F_x = \rho Q [(K_{mx}V_x)_2 - (K_{mx}V_x)_1] \qquad （5\text{-}4a）$$

其中之 $\rho K_{mx}V_x Q$ 為單位時間通過某一斷面的 x 方向動量通量；K_{mx} 為修正以斷面平均流速計算動量通量所致誤差，稱為動量係數。因此，動量原理可以說是：作用於給定區域的恆定流場上任一方向的力量等於通過該區域兩端斷面同方向的動量通量差。由於力量及動量通量均為向量，在空間座標軸 y 及 z 方向的分量可比照式（5-4a）分別寫成：

$$\Sigma F_y = \rho Q [(K_{my}V_y)_2 - (K_{my}V_y)_1] \qquad （5\text{-}4b）$$

及

$$\Sigma F_z = \rho Q [(K_{mz}V_z)_2 - (K_{mz}V_z)_1] \qquad （5\text{-}4c）$$

式（5-4）中 K_{mx}, K_{my} 及 K_{mz} 分別為 x、y 及 z 方向的動量係數，即：

$$K_{mx} = \frac{1}{A}\int_A \frac{v_x}{V_x}\frac{v}{V}dA \qquad (5\text{-}5a)$$

$$K_{my} = \frac{1}{A}\int_A \frac{v_y}{V_y}\frac{v}{V}dA \qquad (5\text{-}5b)$$

及

$$K_{mz} = \frac{1}{A}\int_A \frac{v_z}{V_z}\frac{v}{V}dA \qquad (5\text{-}5c)$$

　　顯然上述動量係數 K_{mx}, K_{my} 及 K_{mz} 將隨斷面上各點的流速方向及流速分量的大小而異。如果各點的合流速方向是一致的，則 $v_x/V_x = v_y/V_y = v_x/V_z = v/V$；因而 $K_{mx} = K_{my} = K_{mz} = K_m$。就直線圓管流而言，層流的 $K_m = 1.33$ 為最大，紊流的 K_m 值則隨 R 值增加而降低，最後趨近於 1.0。一般而言，直線圓管紊流的 K_m 值應介於 1.0～1.3 之間。

3. 非恆定流

　　如前所述，若在流場中任一指定位置流體元素的物性或流性隨著時間改變，則這個流場即為非恆定流。就一個流體元素而言，其所含動量的 x 方向分量為流速分量與質量的乘積，即 $\rho v_x \Delta\forall$；而在整個控制積 $\forall$ 中所有各個元素的 x 方向動量總和為 $\Sigma(\rho v_x \Delta\forall)$。若令 $\Delta\forall \to 0$，則對應於式（5-1）等號右側第一項的時變動量變化率可以寫成：

$$\frac{\partial}{\partial t}\left[\lim_{\Delta\forall\to 0} \Sigma\,(\rho v_x\Delta\forall)\right] = \frac{\partial}{\partial t}\int_{C\forall}\rho v_x d\forall$$

沿著每一個小流線管來看，dQ 並不隨著 s 而變，而且 $d\forall = dAds$，故上式等號右側積分項可以改寫為：

$$\int_{C\forall}\rho\left(\frac{v_x}{v}\right)v\,dsdA = \int_{C\forall}\rho\left(\frac{v_x}{v}\right)dsdQ$$

在 ρ 為定值的情況下，將時變動量變化率加於式（5-3）等號右側，就成為非恆定流之動量方程式：

$$\Sigma F_x = \frac{\partial}{\partial t}\left[\rho\int_{C\forall}\frac{v_x}{v}dsdQ\right] + \rho\int_{CS}(v_{x2}-v_{x1})dQ \qquad (5\text{-}6)$$

若控制體積為一長度 L 之直線管道或渠道，且 $v_x/v = 1$，則時變動量變化率成為：

$$\frac{\partial}{\partial t} \int_{C\forall} \rho \upsilon \, d\forall = \rho L \frac{\partial Q}{\partial t}$$

因此，式（5-6）可以簡化成：

$$\Sigma F = \frac{\partial}{\partial t}(\rho Q L) + \rho \int_{CS}(\upsilon_2 - \upsilon_1)dQ \qquad （5-7）$$

4. 作用力

式（5-6）等號左側的 ΣF_x 是作用於控制體內所含質量上各種力量的 x 分量總和；這些作用力可以分為二類，其一為控制體內部所含質量受地心引力作用而呈現的重力，又稱為體內力 F_b，其二為控制體表面相鄰流體或固體邊界傳遞而來的壓力及黏剪力。例如圖 5.3(a) 所示管道末端噴射流，其控制面為噴嘴內壁及兩端斷面，分別為圖中之①、②及③；圖 5.3(b) 所示控制面 aa′ 及 bb′ 上之壓力是由相鄰流體傳遞過來的，而 ab 及 a′ b′ 表面上的壓力及剪力則是由噴嘴內壁傳遞而來的。這些在控制面上的作用力稱為表面力 F_s，其 x 方向分量為 F_{sx}；表面力當然可以是法線方向的壓力，亦可以是切線方向的黏剪力。黏剪力與流體的黏性

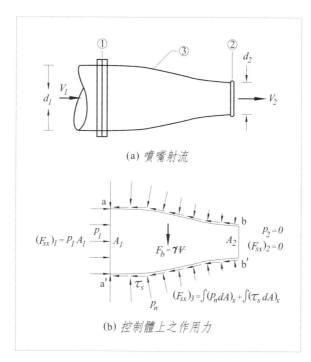

(a) 噴嘴射流

(b) 控制體上之作用力

圖 5.3　控制體之表面力及體內力

有關，已於前一章詳細討論。本章對表面力不作細部分析，而是以作用於控制面上的力量總和處理之。

式（5-3）中 ΣF_x 項的意義其實是與基本工程力學上所考慮爲自由體上的作用力完全一樣的。在流體力學中所考慮的自由體是在某一指定的時間點控制體內所含的質量。因此，在利用動量方程式求解問題時，就必須記住自由體是由控制體表面來界定的。

5.2 角動量方程式

1. 力矩與角動量

在互爲正交的座標系統 $x\text{-}y\text{-}z$ 中，將位於點 $A(x, y, z)$ 處流體元素上的作用力 F 分解成三個分量 F_x、F_y 及 F_z，如圖 5.4 所示；其中 F_y 及 F_z 分別與其所對應的力臂 z 及 y 的乘積之和構成對 x 軸的力矩 T_x，亦即 $T_x = yF_z - zF_y$；由於 F_x 與 x 軸平行，並不對其構成力矩，故在 T_x 當中沒有 F_x 的成分。依同樣的道理，作用力 F 對 y 軸及 z 軸所構成的力矩可以分別寫成 $T_y = zF_x - xF_z$ 及 $T_z = xF_y - yF_x$。各個力矩成分均爲向量，其方向（正、負）可以依右手規則來決定。合力矩可由三個分力矩以向量相加而得。

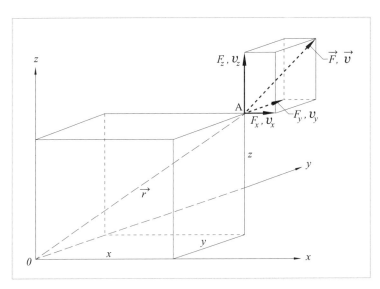

圖 5.4　作用力 $\vec{F}$ 及流速 $\vec{v}$ 對各座標軸之力矩及角動量分析

在點 A 處流體元素的線動量通量一樣可以分解成三個分量 $\dot{m}v_x, \dot{m}v_y$ 及 $\dot{m}v_z$，其中 $\dot{m}$ 為通過與流線正交斷面的質量通量；v_x, v_y 及 v_z 分別為 x, y 及 z 方向的流速分量。如同力矩一樣，角動量通量的三個分量分別為 $M_x = \dot{m}(yv_z - zv_y)$、$M_y = \dot{m}(zv_x - xv_z)$ 及 $M_z = \dot{m}(xv_y - yv_x)$，即該流體元素的線動量的各個分量與其對各個座標軸旋轉臂乘積之和。顯然將這三個角動量通量的分量以向量相加，即可以得到合角動量通量。

2. 恆定流

角動量方程式是將作用於控制體的力矩與其角動量變化率連結起來，亦即表示二者是相等的。在恆定流情況下，角動量變化率就是流出與流入控制體 CV 的角動量通量之差。由於力矩是作用力與一指定空間軸之間的力臂所構成，而且在實際工程應用上通常選擇流力機械如抽水機、風車 … 等之旋轉軸為 x 軸，因此若比照式（5-3）處理線動量的方式，選擇控制面 CS 有部分沿著流線、其餘與流線正交，則 x 方向的角動量方程式寫成：

$$\Sigma T_x = \Sigma \left(yF_z - zF_y\right) = \int_{CS} \rho(yv_z - zv_y)\,dQ \tag{5-8}$$

上式所表達的僅是單一軸向的力矩與角動量時變化率的關係。就一般流力機械問題的處理而言，式（5-8）已足夠應用所需。不過，若有少數複雜的三維流場情況需要同時考慮到三個軸向的力矩和角動量時，則可用 T_y 及 M_y 分別替代式（5-8）中之 T_x 及 M_x 而成為對 y 軸的角動量方程式。同樣地，亦可以 T_z 及 M_z 分別替代之而成為 z 方向的角動量方程式。

事實上，三個軸向的角動量方程式可藉由向量合成的方式寫成：

$$\Sigma \vec{T} = \Sigma \left(\vec{r} \times \vec{F}\right) = \int \rho(\vec{r} \times \vec{v})\,dQ \tag{5-9}$$

上式中 $\vec{r}$ 為座標原點 0 到力量 $\vec{F}$ 作用點 A 的座標向量，如圖 5.4 所示，即 $\vec{r} = x\boldsymbol{i} + y\boldsymbol{j} + z\boldsymbol{k}$; $\vec{F} = F_x\boldsymbol{i} + F_y\boldsymbol{j} + F_z\boldsymbol{k}$；$\vec{v} = v_x\boldsymbol{i} + v_y\boldsymbol{j} + v_z\boldsymbol{k}$；$\times$ 代表外積；$\boldsymbol{i}, \boldsymbol{j}$ 及 $\boldsymbol{k}$ 分別為 x, y 及 z 方向的單位向量。因此，

$$\vec{r} \times \vec{F} = (yF_z - zF_y)\boldsymbol{i} + (zF_x - xF_z)\boldsymbol{j} + (xF_y - yF_x)\boldsymbol{k} = T_x\boldsymbol{i} + T_y\boldsymbol{j} + T_z\boldsymbol{k}$$

同理，

$$\vec{r} \times \vec{v} = (yv_z - zv_y)\boldsymbol{i} + (zv_x - xv_z)\boldsymbol{j} + (xv_y - yv_x)\boldsymbol{k} = M_x\boldsymbol{i} + M_y\boldsymbol{j} + M_z\boldsymbol{k}$$

將以上這兩個外積的結果代回式（5-9），並令各個軸向的分量分別相等，就可以發現 x 軸向的角動量方程式即為式（5-8）。當然 y 及 z 軸向的角動量方程式也就可比照式（5-8）的樣式，所以式（5-9）較式（5-8）重複寫三次要簡潔得多，但兩者內涵是完全相同的。

3. 非恆定流

在非恆定流情況下，空間上點 A 處流體元素角動量亦一樣有三個分量。針對 x 軸而言，其分量為 $\rho(yv_z - zv_y)d\forall$ ，在控制體內的角動量變化率為：

$$\frac{\partial}{\partial t} \int_{C\forall} \rho(yv_z - zv_y)\, d\forall$$

因此非恆定流的 x 方向角動量方程式可以寫成：

$$\Sigma\,(yF_z - zF_y) = \frac{\partial}{\partial t} \int_{C\forall} \rho(yv_z - zv_y)\, d\forall + \int_{CS} \rho(yv_z - zv_y)\, dQ \qquad （5\text{-}10）$$

至於 y 方向的方程式，只要將上式中的座標符號 y, z 依序更換為 z, x 即可；z 方向的方程式亦可依此類推。同樣地，向量合成的角動量方程式為：

$$\Sigma\vec{T} = \Sigma\,(\vec{r} \times \vec{F}) = \frac{\partial}{\partial t} \int_{C\forall} \rho(\vec{r} \times \vec{V})\, d\forall + \int_{CS} \rho(\vec{r} \times \vec{V})\, dQ \qquad （5\text{-}11）$$

5.3 動量方程式之應用

1. 一維分析法

最一般化的流體運動是一個三維課題，亦即流場中的流速及加速度在三個空間座標軸向都分別有其分量。由前述各章中的各種流場可以察覺到，有些案例在其中一個軸向的分流速相對小到可以忽略，因而可用二維流網來作分析近似之。另外，有些流場在二個軸向的分流速皆小到可以忽略，而成為近似一維流，使得流場分析可以更進一步簡化。

真正的一維流場顯然就是一般所謂的均勻流，也就是沿著流線方向沒有任何流性的變化；而且若是恆定流，更沒有加速度的問題。在流場為近似一維流的情況下，通常是指僅考慮流線方向的變化而可忽略法線方向的變化。更具體地說，就是將跨越流線的壓力及流速變化予以忽略，而就沿流線管中心線方向的整體性變化加以考量。換言之，一維分析法是以單一流線管在各個斷面的平均流速、平均壓力與平均高程爲整體流場的代表特性。

由於一維分析法僅是一種近似法，雖然將其應用於二維或三維流場整體流性變化的解析可說是既方便又快速，但實際上可能導致一定程度的誤差。因此對於其極限必須有充分的瞭解與確實的掌握，才能避免造成重大誤差。

前一節所述動量原理本身是非常嚴謹而且是三維的。然而對它用一維分析法作分析時，假設斷面上壓力爲靜水壓分布（即無法線方向的加速度）就涉及到一定程度的誤差；這個誤差與法線方向的加速度有關，而法線加速度則與流線的曲率半徑成反比。同時，式（5-5）所定義的動量係數是與流線管斷面上各點流速的大小與方向均有關的。顯然流線曲線半徑、斷面上流速分布及方向與控制體及控制面在流場上的位置有密切關聯，故控制體的選擇是一件很重要的事。

由於動量方程式所描述的是針對指定範圍內流體受力與動量通量變化的總體關係，因此控制體的設定就必須特別留意，以使問題分析過程中的計算儘量簡單化。爲能達到這個目的，設定控制體應注意下列數項原則：

(1) 選取部分控制面與流線契合，以使其法線方向的流速爲 0，因此這部分表面就沒有動量流入或流出，而可以不必計算其動量通量。

(2) 安排其餘控制面在流線爲平行直線的部位，並使這部分控制面與流線成正交，因而動量即爲質量通量 ρQ 與平均流速 V 之乘積；同時因流線爲平行直線，故壓力爲均勻或靜水壓分布。

(3) 待解之未知流速或作用力，必須出現在控制體內或控制面上。

(4) 控制體其他部位的變數必須爲已知或可經由各種關係求得者。

2. 導翼射流

如圖 5.5(a) 所示，一恆定水流在大氣中由左側向右方射出後，進入右側一個固定在水平面上的彎曲板，水流即受其導引而沿著板面轉向，最後在板的另一端離開。這個導流的彎曲板稱爲導翼。事實上，因爲這個導翼是在固定位置，所以受到射流的衝擊，而致對水流有一個反作用力，其大小及方向是待解的未知數。

如果射流離開導翼之後進入大氣中，其出口處和入口處的壓力同樣是大氣壓，亦即 $p_1 = p_2 = 0$；在導翼表面摩擦阻力對流速影響可略而不計的情況下，依柏努利原理可知 $V_1 = V_2$，待解的導翼對水流反作用力可以應用動量方程來求得。

實用流體力學

　　現就依上一小節所述原則設定控制體，其控制面共有四部份，如圖 5.5(b) 所示射流入口處斷面①，射流出口處斷面②，射流與大氣接觸面③，射流與導翼接觸面④；其中③及④因爲沿著流線，故無動量流入或流出。斷面①及②因與流線成正交，故流量爲 $Q = V_1A_1 = V_2A_2$，其動量通量的 x 分量分別爲 ρQV_{1x} 及 ρQV_{2x}；y 分量分別爲 ρQV_{1y} 及 ρQV_{2y}。將這些動量通量代入式（5-4a）及（5-4b）之後即可分別得到反作用力的 x 分量：

$$R_x = \rho\, Q(V_{2x} - V_{1x})$$

及 y 分量：

$$R_y = \rho\, Q(V_{2y} - V_{1y})$$

以圖 5.5 所示之情況而言，由於來流朝向 $+x$ 方向，所以 $V_{1y} = 0$，且 $V_{2x} = V_1\cos\theta$，故上二式可以簡化成 $R_x = \rho QV_1(\cos\theta-1)$，及 $R_y = \rho QV_{2y} = \rho QV_2\sin\theta$。圖中之 R_x 及 R_y 係假設與座標軸同方向。若計算結果爲負值，則表示與假設方向相反。

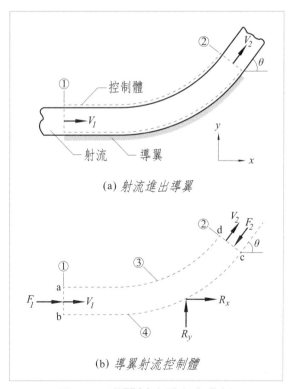

(a) 射流進出導翼

(b) 導翼射流控制體

圖 5.5　導翼射流受力之分析

　　由於 R_x 及 R_y 是導翼對射流的反作用力，因此射流作用於導翼的力量總和之 x 及 y 分量分別為 $F_x = -R_x$ 及 $F_y = -R_y$。不論 $-R_x$ 或 $-R_y$ 都可以由動量方程式一次求得，而無須進行流場的詳細壓力分布解析之後再進行積分的繁瑣程序。由此可見動量原理應用在處理這類問題的優越性。

3. 溢洪道挑水墩射流

　　溢洪道是洪水進入水庫的水量已蓄滿而溢流的通道，而且將水流導向壩體下游的河道。由於水庫水位與下游河道水位落差甚大，溢洪道水流成為高流速，故常在溢洪道末端設置挑水墩，以一向上傾斜角度 θ 將高速水流挑起射出，如圖 5-6(a) 所示，使其進入河道的落點遠離壩趾以免影響壩體安全。這樣的一個挑水墩受到水流的作用力就如同上一小節所述之導翼一樣，亦可以應用動量方程式來求解。

　　首先是設定控制體，如圖 5.6(b) 所示，其控制面有二個與流線成正交的斷面①及②，另二個沿流線的表面③及④。因斷面②與大氣接觸，故 $p_2 = 0$。假設挑水墩前緣與溢洪道銜接處的射流是在水平方向，則斷面①之壓力為靜水壓分布，其單寬總壓力為 $\gamma h_1^2 / 2$。就整個挑水墩上方而言，控制體內的水體受到挑水墩的反作用力，在 x 及 z 方向的分量分別為：

$$R_x = \rho\, q(V_2 cos\theta - V_1) - \frac{\gamma}{2} h_1^2$$

及
$$R_z = \rho\, q(V_2 sin\theta - 0) + \gamma \,\forall$$

其中 V_1 為入流斷面①之平均流速並假設 $K_m = 1$（以下同）；V_2 為出流斷面②之平均流速；以及 $\gamma\forall$ 為控制體內在 y 方向單寬水體重量。水體重量 $\gamma\forall$ 在此處出現是因為水體剖面的 abcda 是沿著 z 方向，亦即地心引力的反方向。在大部分的現場實際情況下，挑水墩的高度 w 遠小於來流速度水頭 $V_1^2/2g$，若其摩擦損失可以略而不計，則 $V_2 \approx V_1$，因而反作用力 R_x 及 R_z 就可以順利求得。當然如果要仔細計算挑水墩高度及摩擦損失對 V_2 的影響，就必須運用本章稍後將討論的能量原理以及前一章將討論的黏性效應來處理。

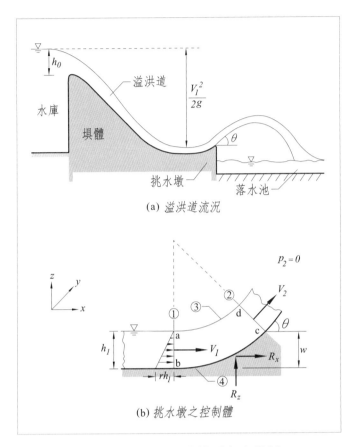

(a) 溢洪道流況

(b) 挑水墩之控制體

圖 5.6　溢洪道挑水墩受力之分析

　　由以上分析可知挑水墩因水流轉向而承受的作用力 $F_x = -R_x$ 及 $F_z = -R_z$。就整個溢洪道而言，水流從頂端至水平段因高程落差很大，使得水流沿程一路加速，直至末端達到最高的流速；其間的動量通量變化必然甚大。就如同挑水墩的情形一般，應用動量原理亦可求得水流對溢洪道結構體的作用力。

4. 噴嘴射流

　　噴嘴是一種裝置於消防送水軟管末端的截尾圓錐形短管，如圖 5.3(a) 所示，用以縮小通水斷面積來提高射出流速，使射出水流可達高處或遠處。一般來講，因為噴嘴甚短而射流速度很高，重力影響相對甚小（$F_b \approx 0$），且其摩擦阻力可以略而不計。噴嘴進口處斷面①之流速為 V_1，出口處斷面②之流速為 V_2；由於斷面②與大氣接觸，其壓力 $p_2 = 0$，依柏努利原理可得斷面①之壓力 $p_1 =$

$\rho(V_2^2 - V_1^2)/2$。

為應用動量方程式求解噴嘴施於流體的反作用力,劃設控制體使其控制面與圖 5.3(a) 所示之斷面①、②及噴嘴與流體接觸面③相吻合。事實上,噴嘴反作用力是以壓力形式分布於控制面③,如圖 5.3(b) 所示,而因其為軸對稱分布(註:重力影響略而不計),故 y 及 z 方向的分量分別環繞控制面③積分結果就互相抵消而為 0,但 x 方向的分量則為 $R_x = (F_{sx})_3 = \int (p_n dA)_x + \int (\tau_n dA)_x \neq 0$。通過控制面①及②的動量通量分別為 $\rho Q V_1$ 及 $\rho Q V_2$,且均在 x 方向;而控制面③是沿著流線,故其動量通量均為 0。將以上各個條件代入式(5-4a)可得:

$$R_x = \rho Q(V_2 - V_1) - p_1 A_1$$

由柏努利原理可知:

$$p_1 A_1 = \rho(V_2^2 - V_1^2)A_1/2 = \rho(V_2 - V_1)(1 + V_2/V_1)Q/2$$

而且 $(1 + V_2/V_1)/2 > 1$,故 R_x 為負值,亦即原設定 R_x 朝 $+x$ 方向是不對的,而是應該朝 $-x$ 方向才正確。噴嘴受到水流的作用力為 $F_x = -R_x$,亦即朝 $+x$ 方向;因此軟管必須有一方向相反的作用力拉住噴嘴,才不會被水流衝走掉。

同樣地,在 y 方向 $\Sigma F_y = 0$,即 $R_y = 0$,因為 y 方向的動量通量為 0,而且 $\int (p_n dA)_y + \int (\tau_n dA)_y = 0$;在 z 方向 $\Sigma F_z = 0$,即 $R_z = 0$,但若重力影響也要納入考慮則 $R_z = \gamma \forall$,其中 $\forall$ 為控制體(噴嘴)中水的體積,γ 為水的比重量。

5. 彎管流

彎管是用於管道轉向處作為銜接段,如圖 5.7(a) 所示,其轉向角為 θ。通常彎管須有一適當的曲率半徑,以避免轉向過急而對流場產生不利影響。假設此一彎管是布置在一水平面上,其控制體及相關作用力如圖 5.7(b) 所示,控制面包括彎管入口斷面①、出口斷面②、以及管壁接觸之流線所構成之表面③;斷面①及②上的平均壓力分別為 p_1 及 p_2;表面③上的壓力分量 p_x 及 p_y 的總合分別為 R_x 及 R_y。由於彎管長度相對較短,其摩擦阻力可略而不計,依動量原理可得:

$$R_x = \rho Q(V_2 cos\theta - V_1) - p_1 A_1 + p_2 A_2 cos\theta$$

及
$$R_y = \rho Q V_2 sin\theta - p_2 A_2 sin\theta$$

由於在 z 方向的動量為 0,因此 $R_z = \gamma \forall$,即彎管反作用力的 z 方向分量等於控制體中的水體重量。

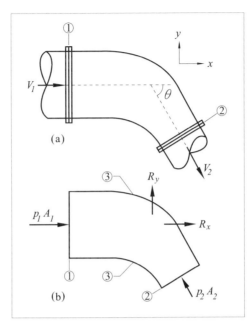

圖 5.7　漸縮彎管受力之分析

6. 旋轉噴射流

　　在一段可以繞著一個鉛直軸 z 自由旋轉的水平管兩端分別安裝一個噴嘴，二者為方向相反，噴嘴出口處之旋轉半徑為 r，如圖 5.8 所示之噴灌器。給定流量 Q 由鉛直軸中心進入水平管，經兩端的噴嘴射出的流速為 V_j，則 $V_j = Q/(2A)$，其中 A 為噴嘴出口斷面積。若水平管以一定角速度 ω 旋轉，則噴射流相對於地面的切線速度為 $V_t = V_j - r\omega$，出流角動量通量 $M_z = -\rho Q r\,(V_j - r\omega)$；若水流沿著 z 軸進入控制體，入流角動量通量為 0。從式（5-11）來看，在 V_j 及 ω 給定情況下，等號右側第一項為 0。因此，這一個旋轉噴射流裝置的 z 軸承受的力矩 $T_z = -M_z$，即：

$$T_z = \rho\,Q\,r(V_j - r\omega)$$

　　因控制體隨水平管旋轉，所以射出流速的方向不一定正好是圖 5.8 所示固定的 x 方向，故對 z 軸的角動量通量 M_z 可表為：

$$\rho\,Q[\vec{r}\times(\overrightarrow{V_j - r\omega})] = \rho\,Q\,[x(V_j - r\omega)_y - y(V_j - r\omega)_x]$$

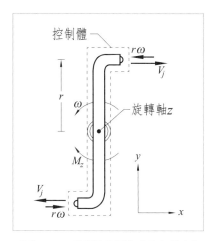

圖 5.8　噴灌器受扭矩之分析

當旋轉臂正好位在 y 方向時，$x = 0, y = r$；而且 $(V_j - r\omega)_x = V_j - r\omega$；因此，出流角動量也就是：

$$M_z = -\rho\,Q\,r(V_j - r\omega)$$

5.4 能量方程式

1. 功率與動能

　　功率的定義是作用力在每單位時間內對物體所作的功，而功的定義是作用力與受力物體移動距離的乘積。因此，功率也就是作用力與物體移動速率的乘積。動能的定義爲物體移動速率平方與該物體質量乘積之半。能量原理表明：作用於移動物體的力量沿著移動方向所作功率等於該物體移動過程中動能通量的變化。

　　在流場中，沿著流線方向的座標 s 取一流體元素 $dAds$，如圖 5.9 所示，若在 s 方向的作用力及流速分別爲 $f_s dAds$ 及 v，則其對該元素所作功率 $dW = f_s v dAds = f_s ds dQ$。由式（5-1）可知 $f_s = \partial(\rho v)/\partial t + \partial(\rho v^2/2)/\partial s$，故

$$dW = \frac{\partial(\rho v)}{\partial t} ds dQ + \frac{1}{2}\frac{\partial(\rho v^2)}{\partial s} ds dQ \qquad （5\text{-}12）$$

式中 $f_s = \Delta F_s/\Delta\forall$ 爲流體元素單位體積上的作用力，包括壓力與重力的部分 $f_p = -\partial(p + \gamma z)/\partial s$ 以及摩擦力部份 f_f。另外，流場外部機械對流場輸入、輸出功率可視同機械對流場作用力所作功率或流場作用力對機械所作功率，並換成單

位流體的作用力 f_m 所作功率。因此，$dW = (f_p + f_f + f_m) \upsilon d \forall$。

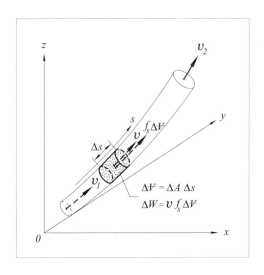

圖 5.9　流體元素沿 s 方向作功示意圖

2. 恆定流

在恆定流情況下，式（5-12）因等號右側第一項為 0，故可簡化成：

$$(f_p + f_f + f_m)\upsilon d\forall = \frac{1}{2}\frac{\rho\partial(\upsilon^2)}{\partial s}dsdQ \qquad （5\text{-}13）$$

上式可先沿著每一條小流線管對 ds 積分，再跨過每一條小流線管對整個 C∀ 及 CS 的積分，即為能量方程式：

$$W_p + W_f + W_m = \rho\,Q\left[\left(K_e\frac{V^2}{2}\right)_2 - \left(K_e\frac{V^2}{2}\right)_1\right] \qquad （5\text{-}14）$$

其中 $W_f = \displaystyle\int_{C\forall} f_f \upsilon\, d\forall$ 為摩擦力作用結果，從控制體輸出而成為能量耗損率；

$W_m = \displaystyle\int_{C\forall} f_m \upsilon\, d\forall$ 為機械能輸入（如抽水機）或輸出（如水輪機）而使控制體內流

體增加或減少的功率；$W_p = \displaystyle\int_{C\forall} \left[-\partial(p+\gamma z)/\partial s\right]dsdQ = Q\left[(p+\gamma z)_1 - (p+\gamma z)_2\right]$，

代表壓力及重力差對控制體內流體的作功率；$K_e = (1/A)\displaystyle\int (\upsilon/V)^3 dA$ 稱為能量通量

係數（簡稱為能量係數），用以修正用斷面平均流速 V 計算能量通量所致誤差。

由於斷面上各質點的單位流體質量所含動能為 $v^2/2g = (v_x^2 + v_y^2 + v_z^2)/2g$，因此能量係數 K_e 只有一個，而不像動量係數有 K_{mx}, K_{my} 及 K_{mz}。

如果沒有摩擦力所致的能量耗損率，也沒有外部機械功率的輸入或輸出，則 $W_f = W_m = 0$，式（5-14）即簡化成：

$$Q\left[(p+\gamma z)_1 - (p+\gamma z)_2\right] = Q\left[\left(K_e \frac{\rho V^2}{2}\right)_2 - \left(K_e \frac{\rho V^2}{2}\right)_1\right] \tag{5-15}$$

式（5-15）表明在無摩擦耗損也無機械功率輸出或輸入的情況下，壓力及重力差對控制體所作的功率等於流出及流入之能量通量差。若將上式中有關斷面①及斷面②的各項分列於等號兩側可得：

$$\left(p+\gamma z + K_e \frac{\rho V^2}{2}\right)_1 = \left(p+\gamma z + K_e \frac{\rho V^2}{2}\right)_2 \tag{5-16}$$

雖然這種形式的能量方程式與柏努利方程式很類似，但其實二者的意義是不一樣的。柏努利方程式表明：一個恆定流流體元素沿著流線移動過程中的壓力水頭、高程及速度水頭之間的轉換關係，但其總水頭為定值。式（5-16）則表明：在沒有摩擦且無功率輸入、輸出的情況下，控制體兩端斷面上的總水頭平均值是相等的。然而，因為它是由能量方程式推導而來，常被認為是單位流體體積所含有的能量。

事實上，壓力 p 不作功而是壓力差 Δp 才作功，所以把壓力 p 看成是能量是不正確的。相對於大氣壓 p_0 而言，$p-p_0$ 不妨可視為一種潛在的能量；例如在封閉的水平管道系統中的循環水流加壓使整個系統的壓力升到非常高，但其中任何一點的流速及高程不因加壓而改變。這表明就式（5-16）而言，其中壓力 p 並不代表能量。不過，如果在管道上挖一個小孔，水體在小孔處與大氣接觸，此時系統的壓力與大氣的壓力差 $p-p_0$ 使流體從小孔以高速流出，因此 $p-p_0$ 就可代表一種能量。同樣地，高程 z 亦必須在二點之間有落差才會是一種能量；通常 z 被稱為位能，是針對某一個基準面（如地表面或海平面）的潛在能量，所以位能的英文名詞為 potential energy，也就是潛在能量的意思。

其實，對封閉的循環管道加壓會壓縮系統中的水體，將壓縮過程中所作的功變成彈性能，而不是變成動能或位能。由於式（3-18）及式（5-16）均未將彈性能納入考慮，故無法將壓力視為能量。換言之，該二式是立基於流體可壓縮性的彈性能可以不考慮的假設條件上的。有關流體壓縮所涉及到彈性能的課題將於第九章討論。

3. 非恆定流

在非恆定流的情況下，式（5-12）等號右側的第一項不爲 0，因而將其對整個控制體的積分可以寫成：

$$\int_{c\forall} \frac{\partial(\rho v)}{\partial t} ds dQ = \int_{c\forall} \frac{\partial(\rho v^2/2)}{\partial t} d\forall$$

這一項的意義是控制體中每一個元素所含動能時變率的總和。將這動能時變率項加到式（5-14）等號右側就成爲完整的能量方程式：

$$W_p + W_f + W_m = \int_{c\forall} \frac{\partial(\rho v^2/2)}{\partial t} d\forall + \rho\, Q \left[\left(K_e \frac{V^2}{2} \right)_2 - \left(K_e \frac{V^2}{2} \right)_1 \right] \qquad (5\text{-}17)$$

上式等號左側爲各種作用力作功對控制體輸入及輸出的功率的總和，等於控制體內流體所含動能時變率加上流出與流入控制的動能通量差。整個式（5-17）就是能量守恆原理。

5.5 能量方程式之應用

1. 水力機械之水頭變化

如圖 5.10 所示的重力流系統常用於將蓄在水庫中的水體位能轉換成機械能，轉換過程是先經管道末端噴射流把水庫位能變成動能，再由射流動能推動水輪機動輪葉片將能量從流場控制體輸出。在這種情況下，必須計算的是有多少功率可以輸出。由於功率是單位時間的能量，而速度水頭代表單位水體所含動能，管道末端射出水流的功率爲單位水體所含有的動能乘上流量，$\rho Q V_1^2/2$，亦即動能通量。在管道的摩擦損失可以略而不計的情況下，水庫水位相對於管道末端的高程落差爲 H_1，若其位能 γH_1 完全轉換爲動能，則 $\gamma H_1 = \rho V_1^2/2$。因此，進入水輪機的來流動能通量爲 $\gamma H_1 Q$，經由水輪機輸出的功率 P_t 爲：

$$P_t = \gamma\, Q \Delta H$$

其中 $\Delta H = H_2 - H_1$；$H_2 = V_2^2/2g - z_2$ 爲水輪機排出的尾水剩餘總水頭。由上式可知，

給定進入水輪機之前、之後的總水頭及流量，即可計算其輸出功率。對水流而言，水輪機輸出功率是來流的能量損失。

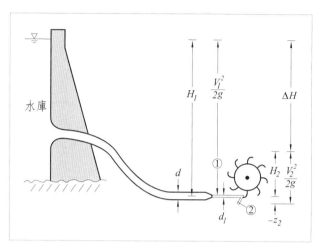

圖 5.10　水輪機輸出功率之分析

　　同樣地，如圖 5.11 所示，經由抽水機動輪葉片的推動或施加壓力，可對水流輸入能量而使其總水頭增加，將水體揚升到較高的位置。抽水機輸入的功率 P_p 為：

$$P_p = \gamma Q \Delta H$$

其中 $\Delta H = H_2 - H_1$；$H_1 = p_1/\gamma + z_1 + V_1^2/2g$，為水流進入抽水機之前的總水頭；$H_2 = p_2/\gamma + z_2 + V_2^2/2g$，為水流經抽水機輸入功率之後的總水頭。

　　比較圖 5.10 及圖 5.11 的總水頭變化 $\Delta H = H_2 - H_1$，可以看出水輪機的 ΔH 為負值，表示功率是從水流輸出；而抽水機的 ΔH 為正值，表示功率是對水流輸入。有關流力機械的內部構造及其流場細節將在第八章中作討論。

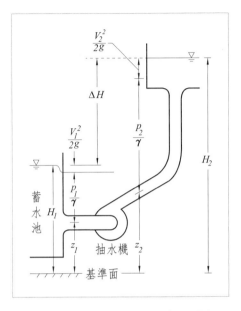

圖 5.11　抽水機輸入功率之分析

2. 水躍之能量損失

在非常陡峭的明渠例如溢洪道的水流會有很高的流速,這往往導致下游河道的嚴重沖刷而危及溢洪道本身結構體的安全。為消除此種安全威脅,除可布置前述挑水墩將高速流挑高射出而遠離結構體之外,亦可採用端檻迫使水面突然躍起而增加水深,降低流速,如圖 5.12 所示。下游河道的沖刷程度就隨著流速降低而大幅減輕。水面躍起的現象稱為水躍,其內部形成局部回流漩渦,藉由黏剪力將部分能量消耗而降低下游的總水頭。水躍所輸出的功率 P_j 為:

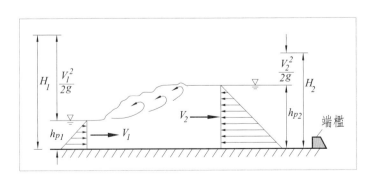

圖 5.12　水躍能量損失之分析

$$P_j = \gamma Q(H_2 - H_1)$$

式中 H_1 及 H_2 分別為水躍之前及之後的總水頭；Q 為流量。因為功率輸出，故 $\Delta H < 0$。由能量通量變化來看，從水躍前後的總水頭差就可以計算水躍能量損失，並不需要水躍的回流漩渦詳細流場資料。事實上，只要給定來流條件，就可以聯合連續、動量及能量方程式建立水躍能量損失與來流條件的關係，有關細節將在第七章討論。

第六章 管道流

6.1 正規化流速分布

　　依第四章所述對數型流速分布的特性而言，當 $y \to 0$ 時 $dv/dy \to \infty$，而且在 $y < y_0$ 的範圍內 $v < 0$；這樣的特性顯然與實際物理現象不一致。另外，就圓管斷面來說，對數型流速分布在 $y = r_0$ 處的 $dv/dy \neq 0$，亦顯與圓管中心點的對稱性要求不相符。雖然對數型流速分布有這些缺點，但均侷限於甚小的空間範圍內，因此對於整個斷面的平均流速而言還不致於導致可觀的誤差。

　　現將流速分布式（4-45）對整個圓管斷面作積分求得流量 Q 之後再除以斷面積 A，可得光滑圓管的斷面平均流速 V 為：

$$\frac{V}{u_*} = 5.75 \log_{10} \frac{u_* r_0}{\nu} + 1.75 \qquad (6\text{-}1)$$

同樣地將式（4-46）積分結果除以 A，可得粗糙圓管的斷面平均流速為：

$$\frac{V}{u_*} = 5.75 \log_{10} \frac{r_0}{k} + 4.75 \qquad (6\text{-}2)$$

分別將式（4-45）減去式（6-1）、式（4-46）減去式（6-2），可以同樣得到下列關係：

$$\frac{v - V}{u_*} = 5.5 \log_{10} \frac{y}{r_0} + 3.75 \qquad (6\text{-}3)$$

　　上式表明不論是光滑或粗糙圓管的對數型流速分布，若以斷面平均流速為基準，則兩者是一致的。式（6-3）等號左側的分母 u_* 即為剪力速度，它是代表邊界的剪力強度，而剪力強度則隨雷諾茲數或粗糙度而變。由於管道中均勻流是邊界層發展的極限狀態，管壁上的剪力強度 τ_0 可以用類似式（4-31）的關係來表示，也就是將 v_0 以 V 替代，即：

$$\tau_0 = \frac{f}{4} \frac{\rho V^2}{2} \qquad (6\text{-}4)$$

式中 f 為阻力係數，亦稱**達西・威斯巴赫**（Darcy-Weisbach）阻力係數，常用於管流分析，相當於平板面邊界層拖曳力係數 c_f 的 4 倍。為使阻力係數之影響能更清楚地呈現，將式（6-4）改寫成 $u_* = \sqrt{f/8}\, V$，並代入式（6-3）後可得：

$$\frac{\upsilon/V - 1}{\sqrt{f}} = 2\,log_{10}\left(\frac{y}{r_o}\right) + 1.32 \tag{6-5}$$

上式表明就圓管流而言，不論是光滑或粗糙，正規化的相對流速分布僅爲 y/r_0 的函數。經與試驗數據比較結果顯示，式（6-5）略有偏差，不過差距可以說是很小。事實上，只要將式（6-5）之係數 2 及常數 1.32 分別修改成 2.15 及 1.43，並重新寫成：

$$\frac{\upsilon/V - 1}{\sqrt{f}} = 2.15\,log_{D}\left(\frac{y}{r_o}\right) + 1.43 \tag{6-6}$$

就可以使其與試驗數據點更貼近，如圖 6.1 所示。

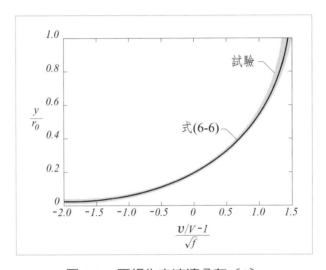

圖 6.1 　正規化之流速分布〔6〕

　　整體來看，雖然對數型流速分布式（4-45）及（4-46）的推導是立基於僅適用於邊界附近的假設，但實際用於整個斷面的結果卻是意外地好。當 f 值隨 R 或隨 r_0/k 而變時，流速分布也就依式（6-6）而變，圖 6.2 所示爲 f 值分別等於 0.01，0.03 及 0.07 時之相對流速分布曲線。

　　以上所述有關斷面平均流速之推導主要是奠基於圓管流的試驗數據，然而對數型流速分布關係並不受限於這樣的斷面形狀。事實上，各種不同斷面形狀的結果雖會有一定程度的差異，但基本上是相似的。例如寬廣的二維均勻明渠流的流速分布爲：

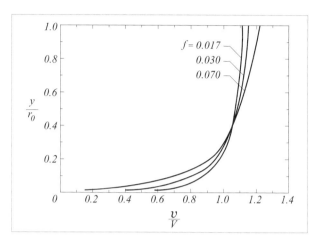

圖 6.2　阻力係數對流速分布之影響

$$\frac{v/V - 1}{\sqrt{f}} = 2\,log_{10}\left(\frac{y}{h_0}\right) + 0.8 \qquad （6\text{-}7）$$

其中 h_0 為均勻明渠流水深。式（6-7）與式（6-5）的差異顯然是在於常數項，這個差異反映了斷面形狀的影響。由這個差異可推論：在給定相同的斷面平均流速 V 及相同阻力係數 f 的情況下，圓管的最大流速 v_m/V 值（當 $y/r_0 = 1$）大於二維明渠流水面的 v_m/V 值（當 $y/h_0 = 1$）；就物理上來看，圓管中只有中心點才有 v_m/V 值，而二維明渠水面上各點均有 v_m/V 值。換句話說，將 y 分成若干等分 Δy，明渠流近水面部位的 Δy 所含的面積與近邊界部位者相同，而圓管流近中心部位的 Δy 所含的面積遠小於近邊界部位者。因此，管流中心部位的流速必須大於二維渠流近水面部位的流速，以補償因該部位所含面積比例上的差異。

6.2 圓管流之阻力

1. 損失水頭

　　如同沿平板上恆定流作用的黏剪力 τ_0 可由維持該平板不動所需要的反作用力來推定，管流的 τ_0 可由維持給定的平均流速或流量所需的驅動力來推算。例如水平管道流的邊界剪力必須與壓力梯度所造成的驅動力相平衡，因此剪力強度 τ_0 與給定管長 L 的邊界表面積的乘積就必須和管道流斷面積與 L 兩端的壓差 Δp 的乘積相等，亦即：

$$\tau_0 \pi DL = -\Delta p \frac{\pi}{4} D^2 \tag{6-8}$$

將 τ_0 以 $f\rho V^2/8$ 代入上式可得：

$$-\Delta p = f \frac{L}{D} \frac{\rho V^2}{2} \tag{6-9}$$

如果管道本身有斜度且其中流體為水體時，則其阻力可用測壓管水頭落差表示，即：

$$h_f = f \frac{L}{D} \frac{V^2}{2g} \tag{6-10}$$

上式中 h_f 為在管長 L 兩端的測壓管水頭落差，亦稱損失水頭 $h_f = h_1 - h_2 = -\Delta h_p$。顯然 f 仍然須先確定，才能夠計算出損失水頭。

2. 光滑圓管之阻力係數

首先將式（6-9）改寫成：

$$f = \frac{-\Delta p}{\rho V^2/2} \frac{D}{L} = \frac{1}{\boldsymbol{E}^2} \frac{D}{L} \tag{6-11}$$

按照式（4-24）的涵義，在給定幾何條件下，尤拉數 $\boldsymbol{E}$ 為雷諾茲數 $\boldsymbol{R}$ 的函數，式（6-11）顯然符合 $f = f(\boldsymbol{R})$ 的關係。

如果將式（6-10）改寫成類似式（6-11）的形式，其中 $2gh_f/V^2$ 的組合看起來像是 $2/F^2$，其實際它僅是 $\boldsymbol{E}$ 定義中的分子及分母分別除以 γ 而已。事實上，這樣的管道流除了 L 兩端測壓管開口與大氣接觸外並沒有真正的自由水面，重力也就無法對流場發生作用。因此，福祿數 $\boldsymbol{F}$ 與管壁的阻力沒有任何關係。

換個方式來看，如果將試驗觀測的數據代入上述的 f 與其他變數的關係式推算出的 f 值，然後與對應的 $\boldsymbol{R}$ 值點繪於雙對數座標紙上，就可以呈現光滑圓管的 $f \sim \boldsymbol{R}$ 的函數關係，如圖 6.3 所示。由圖中可以看出在 $\boldsymbol{R} \leq 2 \times 10^3$ 的範圍內，試驗結果與層流的 $f \sim \boldsymbol{R}$ 關係式：

$$f = \frac{64}{\boldsymbol{R}} \tag{6-12}$$

相當吻合，亦即數據點（陰影部分）落在 $log_{10} f = -log_{10} \boldsymbol{R} + log_{10} 64$ 的直線上。事實上，式（6-12）可由式（4-13）與式（6-9）聯合而推得。在 $\boldsymbol{R} > 2 \times 10^3$ 的區域，試驗數據點顯示 f 隨 $\boldsymbol{R}$ 的變化漸漸趨於緩和；這也就是說，雖然在 $\boldsymbol{R} \leq 2 \times 10^3$ 範

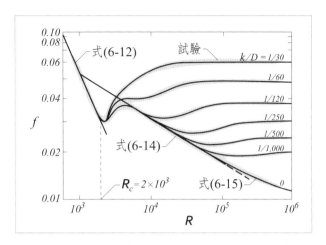

圖 6.3　管道流阻力係數與 **R** 及 *k*/*D* 之關係〔4〕

圍內不像是可由一直線代表其變化，但可以分段式直線近似之，亦即：

$$f = \frac{C_1}{\boldsymbol{R}^{m'}} \tag{6-13}$$

其中 C_1 及 m' 為隨 **R** 而變的參數，**布勒西亞斯**（P. Blasius）由試驗數據檢定結果顯示在 $2 \times 10^3 < \boldsymbol{R} \leq 2 \times 10^5$ 區間，C_1 及 m' 值分別為 0.316 及 1/4，亦即：

$$f = \frac{0.316}{\boldsymbol{R}^{1/4}} \tag{6-14}$$

雖然式（6-14）與平板面邊界阻力係數關係式類似，但因在管道流之邊界層已經完全發展，故其 $\boldsymbol{R} = VD/\nu$ 並不隨沿程距離 x 而變；而平板面上的邊界層仍在持續發展中，其 $\boldsymbol{R}_x = \upsilon_0 x/\nu$ 則隨 x 而變。在流速給定的條件下，兩者在物理意義上不同之處為：由於邊界層厚度隨沿程距離 x 之增加而變厚，因而在板面上的流速梯度就隨 x 增加而變小，τ_0 亦沿程逐漸變小；結果就是平均阻力係數 C_f 隨 x（亦隨 $\boldsymbol{R}_x$）漸減。然就給定 V 的管道流而言，隨著管徑 D 的增大，在管壁上的流速梯度及 τ_0 均變小，因而阻力係數 f 隨 D（亦隨 $\boldsymbol{R}$）之增加而減小。

依據 $f \sim \boldsymbol{R}$ 關係，建立一個 f 與管壁附近邊界層流次層厚度 δ_i 之間的關係應是可能的。將 $u_* = \sqrt{f/8}\ V$ 的關係代入式（6-1）可得：

$$\frac{1}{\sqrt{f}} + 2\,log_{10}\left(\frac{1}{\boldsymbol{R}\sqrt{f}}\right) = -0.91 \tag{6-15}$$

上式經與試驗數據比較後，將常數項略作修正為 -0.80 會更貼近試驗結果，其適用範圍為 $R \geq 10^5$ 的區域。當 R 值給定時，即可由式（6-15）求得 $1/\sqrt{f}$ 值。由光滑管中的層流次層厚度 δ_i 與剪力速度 u_* 的關係式（4-43）可以建立 δ_i/D 與 $R\sqrt{f}$ 的關係如下：

$$\frac{\delta_i}{D} = \frac{32.8}{R\sqrt{f}} \tag{6-16}$$

上式表明在 R 值給定的情況下，光滑圓管的阻力係數 f 是隨著層流次層的相對厚度的增加而變小。

　　從物理觀念來看，$R \to \infty$ 時，有幾種可能性，其一為 $V \to \infty$、$D \to \infty$ 或 $\nu \to 0$；前二者在物理上均為不可能，而後者則為黏性係數趨近於 0；雖然在實際上亦不可能，但在理論上則可視為無阻力狀態的理想流體，亦即 $\tau_0 \to 0$。因此由圖 6.3 所示光滑圓管的 $f \sim R$ 關係可推論，當 $R \to \infty$ 時，$f \to 0$。

3. 粗糙圓管之阻力係數

　　就管壁上粗糙顆粒大小、形狀與分布而言，如前所述，尼柯拉濟試驗研究所採用均勻砂粒佈滿於管壁上的人工化粗糙管不僅與光滑管之間沒有幾何相似性存在，即使是那些不同粗糙度的粗糙管道之間亦沒有幾何相似性。因此，在均勻砂粒不同相對粗糙度 k/D 的情況下，$f \sim R$ 的函數關係亦將是各不相同的。這也就是說，如果將各種不同 k/D 值的 $f \sim R$ 關係視為一組曲線，則光滑管（$k/D = 0$）為此組曲線之極限，如圖 6.3 所示，其中 k/D 的變化範圍，從 1/30 至 1/1,000，相差達 33 倍以上。圖中亦顯示在 $R \leq 2 \times 10^3$ 範圍內，各種 k/D 值對於層流的阻力是沒有影響的，但在 $R > 2 \times 10^3$ 之後，於對應各個 k/D 值的 $f \sim R$ 關係曲線在某一特定 R_r 值開始偏離光滑管的 $f \sim R$ 曲線，此特定 R_r 值則隨管壁粗糙度之降低而增加。

　　對應於個別 k/D 值的曲線最後都會漸趨近於水平線，也就是說當 R 變成很大時，f 受 R 的影響就變成很小，最後就與 R 無關。從物理上來看，R 值很大就是相當於邊界層流次層 δ_i 很薄；而當 δ_i 薄到比 k 小很多的時候，則黏性效應對阻力的影響就遠不如 k 對阻力的影響。在這樣的情況下，管中的流速分布主要受到管壁粗糙度 k/D 的影響。因此，粗糙管道流的阻力係數可由式（6-2）轉換而得到：

$$\frac{1}{\sqrt{f}} + 2log_{10}\left(\frac{k}{D}\right) = 1.08 \tag{6-17}$$

上式常數項經依試驗數據略作修正爲 1.14 後，就是粗糙管道流的**卡門 - 普朗特**（Karman-Prandtl）阻力係數公式。當 k/D 給定時，即可由式（6-17）求得對應的 f 值，如圖 6.3 中各個不同 k/D 值之極限值。

4. 管壁粗糙度與層流次層厚度

在一個給定粗糙度的管道流中，R 值很高時之流況爲完全紊流，而 R 值較低時邊界附近仍爲層流；顯然這兩種不同的流況之間必然存在有一個粗糙度及黏性效應均對阻力有相當影響的中間區域。既然在光滑管道流阻力係數的唯一決定因素爲 δ_i，而在粗糙管道流者爲 k，那就可以推論說：k/δ_i 是這個中間區域決定 f 值的主要因素。換言之，如果管壁上高低不平的粗糙元素完全被層流次層所覆蓋，則這些粗糙元素對阻力係數就不會有明顯的影響。然而當 δ_i 小到某一特定程度致使粗糙元素對層流次層外之流況造成擾動現象時，阻力係數就會開始受到粗糙度 k 值的影響；然後其影響程度隨著 δ_i 的減小而增加，一直到最後 f 完全由 k 值來決定。這樣的 f 值變化過程顯然是 k/δ_i 值的函數。換言之，f 值開始受到粗糙度 k 的影響應發生在某一 k/δ_i 值，而其最後完全由 k 來決定（亦即不受運動黏性係數 ν 影響）的情況則對應於另一個 k/δ_i 值。將式（6-16）等號二側各除以 k/D 之後，可以發現 $k/\delta_i \sim R\sqrt{f}\,k/D$。這也就表明 k 影響 f 的起點及 ν 影響 f 的終點分別生在二個不同的 $R\sqrt{f}\,k/D$ 值。

仔細觀察圖 6.3 可以發現，對一個給定的 k/D 值而言，$f \sim R$ 曲線會從光滑管曲線某一點開始偏離，表示相對粗糙度 k/D 開始對 f 發生明顯的影響；偏離的程度隨著 R 的增加而增加，然後曲線逐漸升高至趨近於一條水平線，表示 R 的影響小到可以忽略不計。曲線上的每一個點都代表一組 f、R 及 k/D 值，因而可以算得該點的 $R\sqrt{f}\,k/D$ 值，並可由式（6-16）推算其所對應的 k/δ_i 值。

另外，將式（6-17）的常數項修正爲 1.14 後變成 $1/\sqrt{f} + 2log_{10}(k/D) = 1.14$。然後，若將圖 6.3 的橫座標改成 $R\sqrt{f}\,k/D$，縱座標改成 $1/\sqrt{f} + 2log_{10}(k/D)$，並將其中資料作適當轉換之後重新點繪於圖 6.4，則原有各條 $f \sim R$ 曲線幾乎重疊在

一起，而其水平部分幾乎都落在同一縱座標值 1.14 附近的位置。圖中曲線兩側陰影部分表示數據點分布的範圍。

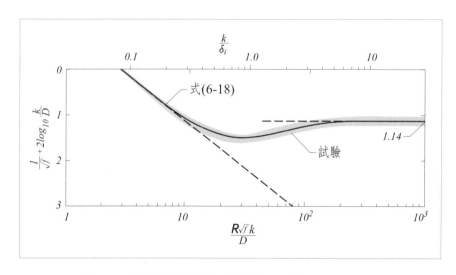

圖 6.4　黏貼均勻砂粒圓管流之阻力係數過渡函數

依照這個新縱座標的轉換方式，將式（6-15）的常數項修正爲 -0.80，並在等號二側各加 $2log_{10}(k/D)$ 項，經整理形成：

$$\frac{1}{\sqrt{f}} + 2log_{10}\left(\frac{k}{D}\right) = 2log_{10}\left(R\sqrt{f}\,\frac{k}{D}\right) - 0.80 \qquad （6\text{-}18）$$

上式表明依轉換後的新縱、橫座標，可以將圖 6.3 中的光滑管 $f \sim R$ 曲線轉換成式（6-18）繪入圖 6.4 中。由此圖可以看到從完全光滑到完全粗糙管道流的過渡區域是大約從 $R\sqrt{f}k/D \approx 8$ 開始偏離式（6-18）到 $R\sqrt{f}k/D \approx 200$ 爲止，其分別對應的 k/δ_i 值大約爲 0.25 及 6.0，如圖 6.4 的上邊橫座標所標示。

6.3 常用圓管之阻力係數

如果各種常用管的管壁材料粗糙元素與尼柯拉濟的均勻砂粒管壁具有幾何相似性，則前述之圖 6.3 及圖 6.4 可以馬上用來推估其阻力係數。然而，實際上各種常用管材（如混凝土、金屬、木材等）的粗糙元素大小很不均勻，這表示在管壁上最小的粗糙元素對層流次層外之流況產生干擾作用之前，最大的粗糙元素早已發生干擾作用。更深入來看，常用管材的管壁粗糙元素之高度、形狀及分布之變化範圍很大，因此很難像人工布置的均勻砂粒管壁那樣單純地以單一粒徑來表示其粗糙度。不過，任何常用管材的粗糙度都可以用一個等值均勻砂粒徑 k_s 來代表：意即在同管徑條件下，當常用管在完全粗糙（亦即不受 R 影響）情況下的 f 值與均勻砂粒的 f 值相同時，後者之粒徑稱爲前者的等值砂粒粗糙度 k_s。在這個等值 k_s 觀念的基礎上，各種常用管從光滑到粗糙管道流的過渡函數關係的試驗結果如圖 6.5 所示，由圖可看出大部分的據點分布於一條狹長的帶狀範圍之內。

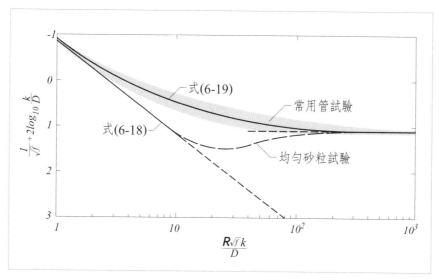

圖 6.5　常用圓管與均勻砂粒圓管之阻力係數過渡函數比較

由圖 6.5 可以看出，各種常用管材過渡區的試驗數據點都落於均勻砂粒管壁的過渡區曲線之上，這就顯示相同粗糙度 k_s 的常用管材在過渡區的阻力係數大於均勻砂粒者（注意：縱座標往下增加）。雖然圖中的數據點有相當程度的分散，但看不出有系統性的變化趨勢。因此，以這些數據點的平均曲線作爲代表大部分常用管的阻力係數曲線，在實務應用上應該是可以接受的。

實際上，**柯爾布魯克**（C. Colebrook）所發展出光滑到粗糙的過渡區 f 的半經驗公式，稱爲柯爾布魯克公式，可以寫成：

$$\frac{1}{\sqrt{f}} + 2log_{10}\left(\frac{k_s}{D}\right) = 1.14 - 2log_{10}\left(1 + \frac{9.35}{R\sqrt{f}\,k_s/D}\right) \qquad （6\text{-}19）$$

當 $R\sqrt{f}\,k_s/D$ 值很大時，等號右側第二項趨近於 0，上式就變成常數項修正為 1.14 之後的式（6-17），亦即完全粗糙的情況。當 $R\sqrt{f}\,k_s/D$ 很小時，等號右側第二項趨近於 $2log_{10}[9.35/(R\sqrt{f}\,k_s/D)]$，式（6-19）經重新整理後成為式（6-18），亦等同於將常數項修正為 -0.8 之式（6-15）。換言之，式（6-19）在以 $1/\sqrt{f} + 2log_{10}(k_s/D)$ 縱座標與 $R\sqrt{f}\,k_s/D$ 為橫座標的半對數圖上，過渡區曲線的兩端分別以完全光滑及完全粗糙的直線為漸近線。

由上所述可知，f 為 R 及 k_s/D 的函數關係甚為複雜，不過如果管材及流體為給定，亦即 k_s、D、ν 為已知，則式（6-19）就變成 $f \sim R$ 的關係式。一般實務上的管道流問題可以分成二類：其一為流量 Q 已知，求解管長 L 末端水頭損失 h_f；其二為損失水頭 h_f 及管長 L 已知，求解流量 Q。第一類問題的求解步驟如下：

(1) 假設完全粗糙情況，並將式（6-17）常數項修正為 1.14 之後，求得 f 的第一次近似值 f_1。

(2) 由 $V = Q/A$，求得平均流速 V 後，計算 R 值。

(3) 計算 $R\sqrt{f_1}\,k_s/D$ 值後，代入式（6-19）求得第二次近似值 f_2。

(4) 若 f_2 與 f_1 很接近，例如 $|f_2 - f_1|/f_2 < 0.01$，則採 $f = f_2$；否則，令 $f_1 = f_2$ 後，重複步驟 (3) 及 (4) 直到滿意為止。

(5) 由式（6-10）求得 h_f。

第二類問題的求解步驟如下：

(1) 假設完全粗糙情況，由修正後之式（6-17）求得的第一次近似值 f_1。

(2) 由式（6-10）求得流速值 V 之後，計算 R 值。

(3) 計算 $R\sqrt{f_1}\,k_s/D$ 值代入式（6-19）求得第二次近似值 f_2。

(4) 若 f_2 與 f_1 很接近，例如 $|f_2 - f_1|/f_2 < 0.01$，則採 $f = f_2$；否則，令 $f_1 = f_2$ 後，重複步驟 (2) 至 (4) 直到滿意為止。

(5) 由 $Q = VA$ 求得流量 Q。

以上所述，不論是第一類或第二類的問題都必須由式（6-19）求算 f 值，其過程甚爲複雜，故將三個參數 $1/\sqrt{f}$，k_s/D 及 $R\sqrt{f}$ 的關係依照一般習慣繪製成圖形，如圖 6.6 所示（註：圖中將 k_s 之下標 s 省略），可以使求算過程較爲方便。

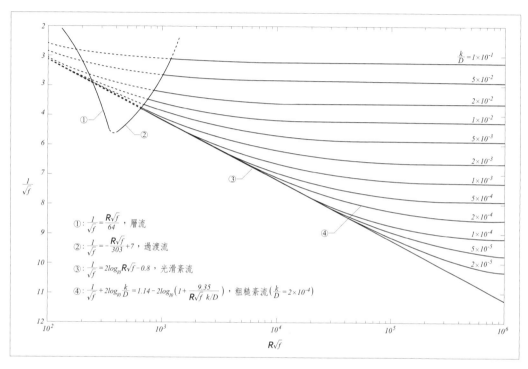

圖 6.6　均勻管道流之 $1/\sqrt{f}$，$R\sqrt{f}$ 及 k/D 關係

　　此處特別需要一提的是各種管材的等值粗糙度 k_s 爲剛出廠的新管情況。實務上來講，不論那一種管材在使用期間都會因爲腐蝕或生鏽致使粗糙度隨時間增加，而其增加率則因管材及流體而異。這種現象可說是管材老化現象，是相當於在給定 D 的情況下，從圖 6.3 中的一個 k/D 值的曲線移到另一個 k/D 值的曲線；老化情況之 k_s 若爲已知，就可求得 f 值。過去的研究成果顯示，管壁粗糙度隨使用時間的變化大約可以寫成：

$$k_s = k_{s,0} + \alpha_s t \tag{6-20}$$

其中 $k_{s,0}$ 爲新出廠的管壁粗糙度；k_s 爲經時間 t 使用後的管壁粗糙度；α_s 爲管壁粗糙度之增加率。顯然由兩個不同時間的 f 值的評估結果可以求得 $k_{s,0}$ 及 k_s 值，並進而推得 α_s 值，因而可據以合理地推估未來該管道輸送容量之變化。

6.4 管道斷面形狀效應

1. 二維管道

在均勻流況下，每個斷面上的流速分布是相同的；考慮二個寬廣平行板之間距為 B 的二維管道，其 $f \sim R$ 關係式一樣可以由式（4-45）及式（4-46）分別對整個斷面作積分而推導求得。不過，因為斷面已非為圓形，所推得關係中的積分常數值當然與圓管者不同。二維光滑管道之 $f \sim R$ 關係式如下：

$$\frac{1}{\sqrt{f}} + 2log_{10}\left(\frac{1}{R\sqrt{f}}\right) = -0.46 \qquad （6-21）$$

其中 $R = VB/\nu$。二維粗糙管道之 $f \sim k/B$ 關係式則為：

$$\frac{1}{\sqrt{f}} + 2log_{10}\left(\frac{k}{B}\right) = 1.52 \qquad （6-22）$$

上二式對數項之係數 2 與圓管者相同，但常數項 -0.46 及 1.52 與圓管者之 -0.91 及 1.08 有顯著差異，顯示斷面形狀對 f 的影響。在另一方面，正如同可想像或推測的，實驗室中的均勻明渠流研究結果顯示，只要將寬廣渠道的水深 h_0 視同為二平行板間距之半，亦即 $B = 2h_0$，則上述 f 關係式可是適用於明渠流的。在這種流況之下，f、k/D 與 $R\sqrt{f}k/D$ 之關係曲線組應與圓管者類似，但由於上述常數項之差異以致二者的曲線組中每一條對應曲線的位置略有不同。

2. 其他斷面形狀

圓形及二維管道斷面之流速分布為對數型，而且等速線均平行於固定邊界，但其他形狀的管道斷面並非如此。例如，邊界由六個平面所組成的六邊形斷面（等同二個梯形組成），其典型等速線如圖 6.7 所示。顯然在邊界各個不同位置之法線上，流速分布各不相同，以致邊界上各個點的剪應力 τ_0 也就各不相等。因此，將流速分布作積分無法獲得類似式（6-21）及（6-22）的結果，而難以滿足實際應用上的需求。

不過，為了實用上的方便，可以合理地假設邊界上剪應力的平均值 $\tau_{0, m}$ 與斷面平均流速的關係仍然如式（6-4）所示，但其中 f 值與圓管者不同，其差異是在於斷面形狀的效應。在基本上，式（6-8）所表明的力量平衡，即管壁上之阻力等於維持管內流量所需之壓差作用力，可改寫成：

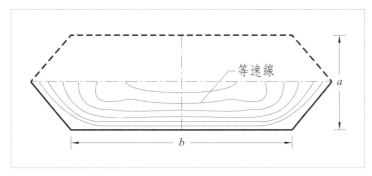

圖 6.7　六邊形管道斷面之等速線示意圖

$$\tau_{0,m} P_w L = -\Delta p A \qquad (6\text{-}23)$$

其中 P_w 爲管道斷面上流體與周圍邊界接觸的長度，稱爲濕周長；L 爲相鄰二斷面間的管長；Δp 爲二斷面間的壓差；以及 A 爲斷面積。如果流體爲水體，則 $-\Delta p$ 可用 γh_f 來表示，而其中 h_f 爲損失水頭。

以 $\tau_{0,m}$ 替換式（6-4）之 τ_0 後代入式（6-23），可得：

$$h_f = f \frac{L}{4R} \frac{V^2}{2g} \qquad (6\text{-}24)$$

上式中 $R = A/P_w$，稱爲該斷面的水力半徑（hydraulic radius），其物理意義爲一單位管長的濕周展開成一平面，而且將所含括的水體均勻攤在該平面上成平均深度。如果管道斷面爲圓形，$R = A/P_w = D/4$，於是式（6-24）中的 $4R$ 可由 D 來取代而變成與式（6-10）完全相同。

對深度爲 W、寬度爲 W 的矩形斷面而言，$R = (B/2)/(1 + B/W)$；若 $B/W = 1$，即爲正方形斷面，則 $R = B/4$；若 $B/W \to 0$，即爲二維斷面，則 $R \to B/2$；設定 B 與圓管直徑 D 相同，可以發現正方形與圓形斷面的水力半徑相等，即 $R = B/4 = D/4$；而二維管道的水力半徑 $R = B/2$ 爲圓形者之 2 倍。換言之，矩形斷面的 B/W 從 1 降至 0，其所對應的 R/B 從 1/4 升至 1/2。由於 R 是代表單位濕周長所對應的通流斷面積，R/B 值愈小表示濕周的相對阻力愈大，亦即圓形管道之 f 值較大；在 R 值相同情況下，比較式（6-15）及（6-21）計算 f 值的結果顯示，圓形光滑管道之 f 值大於二維者。同樣地比較式（6-17）及式（6-22），可知粗糙管道亦然。這表明不同斷面幾何條件 B/W 對 f 的影響可以由其對應的 R/B 值來反映。

依照上述推論，二維管道之 $B = 2R = D_e/2$，其中 D_e 稱爲等值管徑，因而式

（6-21）中的 $R = VB/\nu = VD_e/(2\nu)$。若重新定義數 $R = VD_e/\nu$，則等號右側之常數項變爲 -1.06，與光滑圓管流式（6-15）之常數項 -0.91 相差 -0.15，較原來二者的差距 $+0.45$ 縮小許多。以同樣方式處理式（6-22）之後，其常數項變爲 0.92，與粗糙圓管流式（6-17）之常數項 1.08 之差距爲 -0.16，亦較原來二者的差距 $+0.44$ 爲小。顯然以等值管徑 D_e 作爲二維斷面的特性長度來定義雷諾茲數 $R = VD_e/\nu$ 及相對粗糙度 k/D_e 可適度反映斷面形狀對 f 的影響〔13〕。管道斷面爲矩形或梯形者，其 R/B 值介於 $1/4\sim1/2$ 之間，因此光滑管道之阻力係數關係式的常數項可以取圓形管道的 -1.06 與二維管道的 -0.91 之平均值近似之，而成爲：

$$\frac{1}{\sqrt{f}} + 2log_{10}\left(\frac{1}{R\sqrt{f}}\right) = -0.99 \qquad （6-25）$$

同樣地，圓形及二維粗糙管道阻力係數關係式的常數項分別爲 0.92 及 1.08，取其平均值 1.0 近似之，因此斷面形狀介於二者之間的粗糙管道阻力係數近似式可近似寫成：

$$\frac{1}{\sqrt{f}} + 2log\left(\frac{k}{D_e}\right) = 1.0 \qquad （6-26）$$

上二式係以水力半徑定義之等值管徑而推導的結果，其常數項分別與圓管流之式（6-15）及（6-17）者相差很有限。如前所述，式（6-15）及（6-17）之常數項依試驗數據分別修正爲 -0.8 及 1.14 較符合實際，因此，式（6-25）及（6-26）的常數項可依比例分別修正爲 -0.87 及 1.06。在完全光滑或完全粗糙的情況下，就可以將式（6-25）或式（6-26）之常數項修正後分別作爲推算 f 值之用。至於介於完全光滑與完全粗糙之間的過渡區域，可以採用水力半徑之 4 倍爲等值管徑 D_e，直接應用式（6-19）或圖 6.6 推算 f 值應不致有大的誤差。

6.5 管道變化段之壓力變化

1. 管道內部流與物體外部流之類比

幾乎所有管道變化段的每一種形狀都分別對應於一種形狀相似的浸沒物體，前者的內部流與後者的外部流基本特性是類似的。例如管道中裝設一個孔板（見圖 6.8 之 (a)）所涉及到的體形阻力效應是相當於板面垂直於流向的圓板的外部流情況；一個**文托利**（G. Venturi）流量計（見圖 6.8 之 (b)）所承受的表面阻力與一個機翼的外部流情況相近；又如，一個縱軸與流向平行的圓柱體首端與尾端附近的外部流情況，相當於一個圓管突縮斷面後跟著一個突擴斷面的情況。實際上來看，這種的類比有二點基本上的差異：(1) 就浸沒物體而言，其對周邊流體影響的範圍擴展到甚遠處，而管道中心線卻限制了管道變化段影響範圍的擴大；(2) 浸沒物體上的邊界層是由該物體首端開始發展，而管道的邊界層在管道變化段之前的上游遠處早已開始發展。

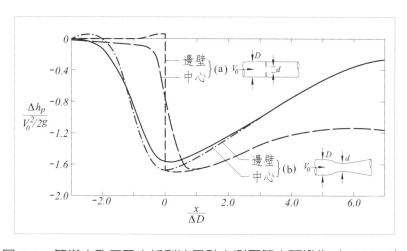

圖 6.8　管道中孔口及文托利流量計之測壓管水頭變化（$\Delta D/d = 1$）

在討論氣體作用於物體上之拖曳力或阻力時，其壓力分布 $2\Delta p/\rho v_0^2$ 是相當於水流中之測壓管水頭 $2g\Delta h_p/v_0^2$。在管道變化段的 $2g\Delta h_p/v_0^2$ 沿程變化是代表水流的流況變化，當然在氣體流代表流況變化的就要以 $2\Delta p/\rho v_0^2$ 取代。由於流況類比甚為相近，沿管道變化段的邊界上測壓管水頭變化隨著邊界幾何形狀及 R 值而變的趨勢就如同浸沒物體表面者一般。因此，在低 R 值時，黏性效應必然是主導因素；而在高 R 值時，加速度效應就較為顯著，而且流離現象扮演著重要的角色。不過，由於管道變化段上游來流的邊界層已擴展到管道中心部位，因此類似浸沒物體邊界層紊流對尾跡區突然縮小的效應不會在高 R 值情況下的管道變化段出現。另外，來流的流速分布也成為很重要的課題之一。

2. 局部限縮

　　圖 6.8 中之插圖 (a) 所示為一高 R 值情況下，管道局部限縮的 $2g\Delta h_p/v_0^2$ 變化，孔板與管壁接觸處為滯點所在，由於孔板上游面滯點附近有流離現象產生，所以滯點測壓管水頭無法達到全壓水頭。孔口邊緣則等同於圖 4.22 的圓板外緣，而且通過孔口後的射流向外側擴張，其流場擴散形態如圖 6.9 所示，基本上是和圓板尾跡區流離線形狀相似；顯然圓板後方的低壓也在板孔下游部位發生。就如同圓板後方的紊流漩渦逐漸朝側向擴散並且終究會耗損能量，板孔後方的紊流漩渦混合作用產生彼此間的動量交換而使得射流朝側向擴散，最後充滿整個管道斷面，且伴隨著壓力上升及能量損失。不過，由於此處的紊流強度遠遠大於來流者，故流況不能很快回到均勻流狀態。換句話說，經由黏剪力作用在相當長的一段距離（$x/D \approx 6$），將高強度紊流動能消耗掉之後，管道變化段之流速及壓力分布才會回到均勻流狀態。由圖 6.8 可知，紊流漩渦所引發的能量消耗導致甚大的水頭損失。

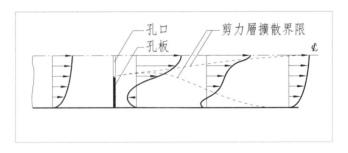

圖 6.9　管道中孔口下游流場擴散示意圖

　　前述文托利流量計是一種管道變化段，其剖面形狀近似流線形化之機翼剖面外形。雖然浸沒物體外形之流線形化一般較注重在後方部位以避免流離，但是就管道而言，由於來流邊界層流次層低流速的關係，流線形化必須提前開始採用漸變束縮段，以避免前方部位發生流離。這個漸變束縮段的前端會在管壁局部朝外彎曲而略為抬升測壓管水頭 h_p 值，但之後因管道斷面束縮流速增加而使 h_p 降低，而且沿管道中心線及管壁上的測壓管水頭變化也略有差異；因此束縮段要夠長，流線曲率半徑夠大，斷面上的壓力才會趨近於靜水壓分布。在紊流狀態下，擴張段的擴張角必須小於 10° 才能避免流離現象的發生。由圖 6.8 之 (b) 可知，漸變段下游端的測壓管水頭恢復到幾乎與來流者相同。這一事實顯示適當的流線形化可以獲得較高的效率，並降低水頭損失。

3. 束縮段

　　管道束縮段是連結上游較大管徑與下游較小管徑的過渡段，其形狀有許多種型式，可以是突變型束縮、直線型漸縮或流線型漸縮。不論是那種型式，沿著束縮段邊壁的壓力變化就與同型式浸沒物體表面者一樣隨著 R 值及其幾何形狀而變，而其變化趨勢有賴試驗來精確掌握。一般而言，邊界轉向的角度愈大流離區範圍就愈大，水頭損失亦愈大；而邊界愈是流線形化水頭損失就愈小。不過，即使邊界流線化可以完全消除流離現象，然而由於邊界層黏剪力的存在，經過束縮段之後的總水頭無法完全恢復到原來的狀態。

　　從另一個角度來看，在 R 值較大情況下，對一個給定型式的縮束段而言，其測壓管水頭變化曲線將趨於某一特定形狀。就絕大部份實用範圍的流況而言，掌握不同型式束縮段的極限測壓管水頭變化曲線應可以滿足應用上的需求。

　　圖 6.10 中之插圖 (a) 所示之圓管突縮斷面，在其下游部位會產生流離區，因而在邊界轉角處測壓管水頭不僅未能回升到對應於滯點的總水頭，並且還因流線在束縮斷面的下游方一定距離內收縮而使得流離區的水頭變得更低。雖然紊流漩渦的混合作用終將在一段距離之後把束縮的水流擴散到全斷面，但伴隨的沿管壁測壓管水頭上升並無法恢復到原來的狀態。不過，漸縮段沿管壁的測壓管水頭雖然逐漸降低，如圖 6.10 之 (b) 曲線所示，但在其末端的水頭卻遠大於突縮者，亦

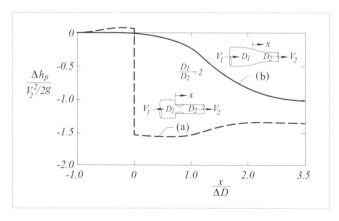

圖 6.10　管道束縮段之測壓管水頭變化

即其損失水頭遠小於突縮者；這一點從圖 6.10 中之 (a) 及 (b) 曲線的比較便可以很清楚地了解。

顯然斷面束縮所導致 h_p 的變化必然與管徑比 D_2/D_1 有關係，其極端的情況就是與大水池連結的管道進水口，亦即 $D_2/D_1 \to 0$，如圖 6.11 中之 (b)。雖然流經這種進水口的 h_p 降低甚多，但還比不上管道進水口伸進水池的情況，如圖 6.11 中之 (c)。適度地將管道進水口加以流線形化，可使 h_p 曲線的變化不致低於最終的下游均勻流量應有的 h_p 值，如圖 6.11 中之 (a) 所示。此處須特別注意的是：在進水口流速很高的情況下，設計不良的進水口如圖 6.11 中之 (b) 或 (c) 之型式者，可能將局部的流場壓力降低到引發穴蝕的後果。換言之，進水口的適度流線形化可以消除發生穴蝕的可能性。

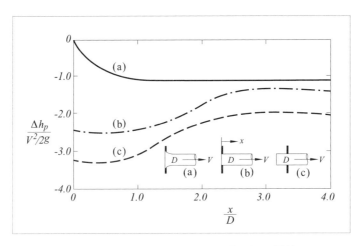

圖 6.11　管道進水口之測壓管水頭變化

4. 擴張段

管道擴張段是連接上游較小管徑與下游較大管徑的過渡段，就幾何形狀而言，它其實是管道束縮段的反轉而已。由於剛進入突擴的斷面處，流線都還是互相平行的，但開始朝側向發展，如圖 6.12 中之插圖 (a) 所示，該斷面上壓力仍然與來流者相同。因此假設突擴斷面①與下游均勻流斷面②之間的距離不長，其管壁上的阻力可以忽略，則二斷面間的水頭差 $\Delta h_p (= h_{p2} - h_{p1})$ 可由連續方程式 $Q = V_1 A_1 = V_2 A_2$ 及動量方程式 $\gamma(h_{p1} A_2 - h_{p2} A_2) = \rho Q(V_2 - V_1)$ 聯立來求解，消去 Q 之後可得：

$$\frac{\Delta h_p}{V_1^2 / 2g} = 2 \frac{A_1}{A_2} \left(1 - \frac{A_1}{A_2} \right) \tag{6-27}$$

此處要特別注意的有二點：其一為斷面①是在擴張段，故壓力是 $\gamma h_{p1} A_2$ 而非 $\gamma h_{p1} A_1$；其二為 Δh_p 之推導雖未用到能量方程式，但因流離形成流場內部的大漩渦，類似圖 5.12 所示之水躍者，而耗損一定比例的能量。

為減少能量損失，擴張段可採用流線形化形狀如圖 6.12 之 (b)，以消除流離現象、降低能量損失。換言之，Δh_p 將依擴散角度及管徑比 D_2/D_1 而定。雖然擴張角限制在 10° 以下可以免除流離現象，但管壁表面阻力卻會因擴張段的長度隨擴張角度變小而增長，最後導致能量損失增加而使 h_{p2} 降低。在這種情況下，h_{p2} 的變化是由黏性效應所控制。因此 **R** 的影響是不可以完全忽略的。

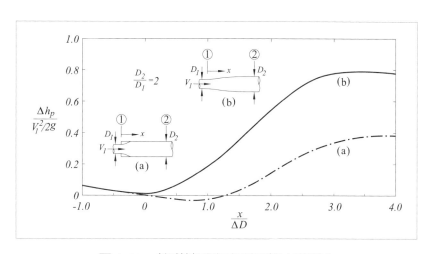

圖 6.12　管道擴張段之測壓管水頭變化

5. 彎曲段

本小節所要討論的管道彎曲段，雖然並無幾何形狀近似的浸沒物體可以類比，但它其實基本上還是同樣具有體形及黏性的綜合效應。這也就是說一個曲率半徑較小的彎曲段沿內壁邊界有發生流離的傾向，曲率半徑較大者可以避免流離現象；同時彎曲段的流向改變會有壓力沿外壁增加而沿內壁降低的對應，如圖 6.13 所示。在轉向角度及流量給定的情況下，由於改變動量所需要的總力量不隨

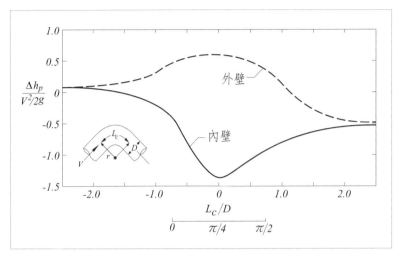

圖 6.13　管道彎曲段之測壓管水頭變化〔6〕

彎曲段的長度而變，因此曲率半徑愈大者，其內、外壁之間的水頭差 Δh_p 愈小。另外，彎曲段特有的二次流現象亦值得注意。

　　為方便討論二次流起見，假設彎曲段置於水平面上，且其斷面為矩形，如圖 6.14 所示。以斷面下半部的一個指定位置 (r, θ) 來看 C-C 鉛垂線上的流速分布，如圖 6.14(b) 所示，在底壁為 0，但隨著距離往上逐漸增加；管底附近的流速 v_1 小於鉛垂線上的平均流速 v_a，而中心部位的流速 v_2 較 v_a 為大。因此，近管底部位的流線曲率半徑 r_1 較 v_a 所在位置的曲率半徑 r_a 為小，而近中心部位的 r_2 則較 r_a 大，只有這樣不相同的曲率半徑才能使鉛垂線上各點的向心加速度分別平衡相同的 r 方向壓力梯度。相對於 v_a 而言，v_1 因 r_1 較小而偏向彎道內側，而 v_2 因 r_2 較大而偏向外側，分別如圖 6.14(a) 之①及②。由於偏向形成徑向流速分量通常較主流方向者小一到二個級次，故稱為二次流，其於斷面上的呈現方式如圖 6.14(c) 所示。二次流離開彎曲段之後，進入下游直線段後以渦流方式持續一段很長的距離才會逐漸消失。為消除二次流的影響，可在彎曲段適當位置裝設一系列的導翼，以降低二次流的強度。

　　在河川彎道中的底床多為鬆散泥砂，二次流可以將底床泥砂從外側帶向內側淤積，因而形成外深內淺的特殊河彎底床地形。這是河川學上的重要課題。

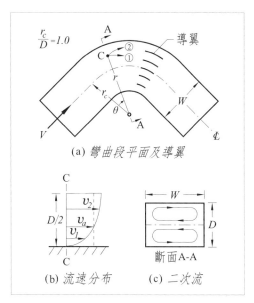

(a) 彎曲段平面及導翼

(b) 流速分布　　(c) 二次流

圖 6.14　管道彎曲段二次流及整流導翼

6. 流量計

　　在低 *R* 值情況下，對管道變化段壓力分布探討的另一個意義是在其可應用於流量的量測。這也就是說，由於在變化段的任何二斷面間的無因次測壓管水頭變化量 $2g\Delta h_p / V_0^2$ 或壓力變化量 $2\Delta p/\rho V_0^2$ 是隨其幾何形狀及 *R* 值而變，因此在同樣的流體物性條件下，相同的無因次水頭差就代表同樣的流量。事實上，由於 $2g\Delta h_p / V_0^2$ 及 *R* 均為無因次參數，一個流量計用任何一種流體作率定都會得到一個亦可適用於任何其他流體的通用性流量率定曲線 $Q = \mathrm{f}(\Delta h_p)$；同時，只要來流條件相似而且測壓管安裝在相對應位置，此一率定曲線亦可以代表所有幾何條件相似流量計的特性。為求達到測壓管位置的一致性及水頭差的最大靈敏度，孔口流量計的測壓管習慣上就分別布置在緊貼著孔板的上下游斷面；文托利流量計的測壓管則分別布置在入口及喉部最窄斷面。為了使此處的流量率定曲線定義與前文第二章所述之孔口者一致，同樣採最小通流斷面積 $A_o = \pi d^2/4$，亦即流量率定曲線可表為：

$$Q = C_d A_o \sqrt{2g(-\Delta h_p)} \qquad (6\text{-}28)$$

就如同尤拉數 *E* 一樣，雷諾茲數 *R* 是以最窄斷面的直徑及平均流速來計算。管道中板孔流量計及文托利流量計的 $C_d \sim R$ 關係，如圖 6.15 所示。

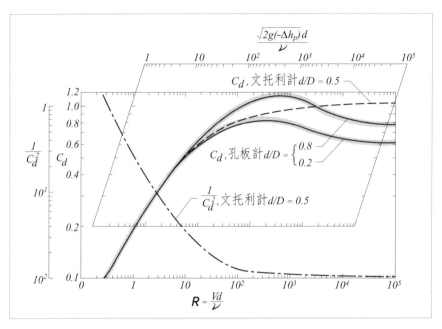

圖 6.15　管道中孔口及文托利流量計之流量係數

依照式（6-28），流量係數可以定義為 $C_d = (Q/A_o)\big/\sqrt{2g(-\Delta h_p)}$，而第四章的式（4-48）定義拖曳力係數為 $C_D = (F_D/A)\big/(\rho V_0^2/2)$；$C_d$ 是流量的指標，C_D 則是拖曳力指標；二者的形式正好顛倒，具有 $1/C_d^2 \sim C_D$ 的關係。從流體運動的觀點來看，管道中的孔板或文托利流量計窄縮斷面所呈現的壓降是驅使動量變化的作用力；同時，流量計所承受的體形拖曳力亦與壓降直接相關，而拖曳力等於對流體的阻力。因此，這樣的 $1/C_d^2 \sim C_D$ 關係是合理的。現以文托利流量計為例，將圖 6.15 的 $C_d \sim R$ 曲線轉換成 $1/C_d^2 \sim R$ 關係繪於圖中，結果可以發現其變化趨勢與圖 4.25 的 $C_D \sim R$ 曲線類似。尤其在 R 值很小、加速度效應可以忽略的情況下，二者於雙對數座標圖上均呈線性關係，顯示其力學特性是由黏性變形所主導，亦即符合史托克斯定律 $C_D \sim 1/R \sim 1/C_d^2$ 的關係。在黏性變形主導的流場中，能量耗損率相對很高，因此在 R 值很低時水頭落差 $-\Delta h_p$ 大部分是損失水頭，以致 C_d 值相對地小，但隨著 R 增加，加速度效應逐漸明顯，C_d 就隨著增加。

由圖 6.15 可以看到孔板流量計在 d/D 固定的情況下，C_d 隨著 R 值增加而逐漸增加；當 $R \to \infty$ 時，C_d 值受黏性的影響漸減而最終趨於定值，但其中有一段

區間的 C_d 值較其最終定值爲高。這個現象正如同圖 4.7 所示孔口射流的 $E \sim R$ 關係一樣,是因爲在 R 值不是很大而且加速效應明顯時,管中心附近較高流速的部位較不受孔口束縮影響的結果。同樣的道理,在紊流的情況下,由於管中心部位的流速與平均流速比值隨著管壁粗糙度的增加而增加,因而 C_d 值會亦隨著粗糙度增加。至於在不同 d/D 值情況下,d/D 大者因其縮束效應降低,以致 C_d 隨著 d/D 增加,亦可由圖 6.15 看得很清楚。

如果流速爲已知,圖 6.15 的運用就會很方便,但流量計僅能直接測得水頭落差 $-\Delta h_p$,因此必須如同圖 4.25 一樣加入一組輔助線,以方便運算。由於 $R = Vd/\nu$,而且從式(6-28)可知 $V = Q/(\pi d^2/4) = C_d\sqrt{2g(-\Delta h_p)}$,故

$$C_d = \frac{\nu}{d\sqrt{2g(-\Delta h_p)}}\ R \qquad\qquad (6\text{-}29)$$

將上式取對數成爲:$log_{10}\ C_d = log_{10}\ R - log_{10}\left(\sqrt{2g(-\Delta h_p)}\ d/\nu\right)$。若給定一個 $\sqrt{2g(-\Delta h_p)}\ d/\nu$ 值,則 C_d 與 R 的關係在雙對數座標圖上爲一直線,因此可於圖 6.15 中依不同 $\sqrt{2g(-\Delta h_p)}\ d/\nu$ 值繪許多斜線。由每一條斜線與原 $C_d \sim R$ 曲線的交點,即可求得該斜線所代表特定 $\sqrt{2g(-\Delta h_p)}\ d/\nu$ 值對應的一組 (C_d, R) 值;進而可從式(6-28)求得流量 Q,或由 R 值反推流速 V 及流量 Q。

7. 損失水頭之評估

就如同浸沒物體的情況一樣,在管道變化段邊界與流體接觸面上,切向剪力與正向壓力可綜合成作用在邊界上的縱向合力 F_x,此一 F_x 會隨著邊界幾何形狀及 R 值而異。由前數節所述可知,切向剪力於 F_x 中通常扮演著次要的角色,這是因爲在工程應用上 R 值通常都很大,而且商用管附件的體形很少有流線形化的。因此,管道變化段(含配件)對其中流體的阻力就大約等於正向壓力的縱向分量的總和。

就浸沒物體而言,阻力可由作用在邊界上的測壓管水頭分布曲線來估算。不過,對管道變化段而言,阻力的意義並不在於求得邊界上縱向分力的總和,而是在於決定流體對抗阻力所作功率,亦即流經管道變化段流體的能量耗損率。由於只有在入口與出口斷面相同的條件下,測壓管水頭落差才能眞正代表能量耗損率,因此能量耗損率必須以流經變化段的總水頭變化量來決定。不過,由前數

節所討論的相關圖形來看，在給定邊界幾何形狀而且 R 值甚大情況下，測壓管水頭及總水頭的變化是互相關聯的。例如管道突擴段的總水頭變化亦即損失水頭 H_ℓ，可由測壓管水頭差及流速水頭差來推算，即：

$$\frac{-H_\ell}{V_1^2/2g} = \frac{\Delta h_p + \Delta(V^2/2g)}{V_1^2/2g} = 2\frac{A_1}{A_2}\left(1-\frac{A_1}{A_2}\right)+\left(\frac{A_1}{A_2}\right)^2 - 1$$

$$= -\left(1-\frac{A_1}{A_2}\right)^2 \qquad (6\text{-}30)$$

不論管道變化段有多短，實際上它所產生紊流漩渦會對流速分布及表面阻力有一定程度的影響，其影響範圍可能涵蓋變化段下游一段很長的距離。當然變化段的整體影響必須等到流況完全恢復到均勻流的狀態才能評估。由於變化段的下游段最終為均勻流的關係，故其沿程的總水頭線及測壓管水頭線將會各自分別趨近於一傾斜的漸近線。因此，將此等漸近線向上游延至變化段的起始斷面即可決定其水頭損失 H_ℓ。就一特定的變化段而言，H_ℓ 與流速水頭 $V^2/2g$ 有一定比例關係，即：

$$H_\ell = C_\ell \frac{V^2}{2g} \qquad (6\text{-}31)$$

上式中之係數 C_ℓ 稱為損失水頭係數，依變化段的幾何特性及 R 值而定，但在 R 值夠大時 C_ℓ 就不受 R 的影響。

前數節所述各種管道變化段的損失水頭係數如表 6.1 所列；表中所示為典型的變化段損失水頭係數，代表各類變化段的最大 C_ℓ 值。當然，變化段的流線形化可以大幅降低 C_ℓ 值，不過流線形化的結果 C_ℓ 值會隨著變化段的長度而變，也因此 C_ℓ 成為 R 的函數。這些係數的應用隱涵著一個重要的限制：流況分析是一維性的。換言之，雖然變化段對於總水頭線及測壓管水頭線的影響持續到下游相當遠的一段距離，但實際應用上卻假設其影響集中在變化段的起始斷面。如此一來，這些水頭線的斜率就與均勻流段的管壁表面阻力成正比；而在急劇變化段的進口處的水頭線則因其體形阻力而突然下降，如同圖 6.8(a) 所示。在管道上任何二個斷面間的柏努利方程式應包括所有各個變化段的水頭損失 ΔH_ℓ 之總和，即：$H_1 = H_2 + \Sigma\Delta H_\ell$。

表6.1 各類管道變化段損失水頭係數值

類別	幾何參數	係數值	備註
束縮段	D_2/D_1	$C_\ell = H_\ell/(V_2^2/2g)$	$V_2 = $ 束縮段下游出流平均流速
	0.0	0.50	
	0.2	0.45	
	0.4	0.38	$D_2/D_1 = 0$ 為水庫流入管道
	0.6	0.28	
	0.8	0.13	
	1.0	0.00	
擴張段	D_1/D_2	$C_\ell = H_\ell/(V_1^2/2g)$ $= [1-(D_1/D_2)^2]^2$	$V_1 = $ 束縮段上游來流平均流速
	0.0	1.00	
	0.2	0.92	
	0.4	0.71	$D_1/D_2 = 0$ 為管道流入水庫
	0.6	0.41	
	0.8	0.13	
	1.0	0.00	
彎曲段 (90°)	r_c/D	$C_\ell = H_\ell/(V^2/2g)$	$r_c = $ 彎曲段中心線曲率半徑
	1.0	0.40	
	1.5	0.32	
	2.0	0.27	
	3.0	0.22	
	4.0	0.20	

8. 小結

一般而言，以上數節所述有關影響管道變化段流速及壓力分布的各種因素至少具有下列數項重要性之一：

(1) 在管道尺寸達一定規模時，變化段的壓力分布可能在結構穩定性上扮演重要角色。

(2) 變化段之二斷面間所產生的測壓管水頭落差可用以量測流量。

(3) 為使管道特定區段的流況儘快恢達到均勻流，來流段必須避免發生流離或二次流。

(4) 閘門及閥門等可調式變化段全開時，必須儘量降低其對水流的擾動；而且在關閉時必須使流量減少及水頭恢復的過程儘量平順。

(5) 變化段流線形化可以降低其對水流的阻力、減少水頭損失。

第七章　明渠流

7.1 基本特性

1. 能量方程式

明渠流的最重要特點就是自由水面上各點壓力為大氣壓，而大氣壓也就是任何流體壓力量測的基準壓力。在恆定流且無能量損失的情況下，如圖 7.1 所示，明渠流二個斷面間之能量方程式可以寫成：

$$\frac{V_1^2}{2g} + y_1 + z_1 = \frac{V_2^2}{2g} + y_2 + z_2 \tag{7-1}$$

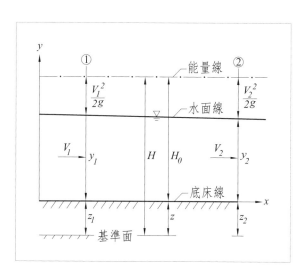

圖 7.1　明渠流況定義

上式中，V 為斷面平均流速；y 為水深[1]；z 為底床高程；下標 1、2 分別代表上、下游斷面。在流量 Q 給定的情況下，將 V 以 Q/A 代入上式，並令 $\Delta z = z_2 - z_1$，

---

[1]　在傳統上，明渠流的水深以英文字母 y 來代表，底床高程以 z 代表，本章仍維持這個傳統。為避免與前後各章的卡氏座標 (x, y, z) 中的 y 及 z 座標發生混淆，特在此聲明除本章之外，其餘各章不以 y 代表水深，也不以 z 代表底床高程。

即可將式（7-1）改成：

$$\frac{Q^2}{2gA_1^2} + y_1 = \frac{Q^2}{2gA_2^2} + y_2 + \Delta z \qquad （7-2）$$

在能量損失可略而不計的明渠流，式（7-2）可以用來分析各類斷面有明顯變化渠段的流況。實際上，渠道斷面可以是任何形狀，而且斷面邊界形狀的變化亦大都伴隨著對應的底床高程變化，但變化渠段之前端及後端分別銜接均勻渠段。圖 7.2 所示為一典型的擴張渠段的平面圖及剖面圖，如果圖中主 y_1、y_2 及 Δz 為已知，則斷面積 A_1 及 A_2 可依斷面形狀計算而得，然後式（7-2）即可用以求算 Q；如果 Q、y_1 及 Δz 為已知，則可以求算 y_2。雖然在第一種情況下，Q 是可以直接求算，但在第二種情況下，因為式中涉及 y_2 的三次方，故必須以試誤法求解答案。

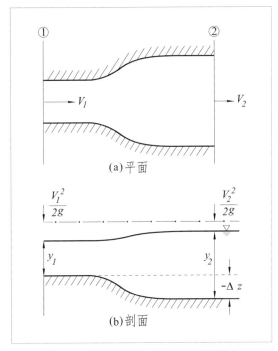

圖 7.2　擴張渠段之水面高程變化

2. 臨界水深

　　雖然式（7-2）可以在給定 Q 之條件下，求解其所對應的水深，但卻無法在求得解答之前預先推測一般性的水深變化趨勢。實際上，圖 7.2 之水深變化須等待求得 y_2 之後才能知道水深是增加或減少；甚至說才能判斷某一特定水深 y_2 是否可能存在。這問題可藉助於探討以渠底為基準的比能水頭 H_0 與 Q 及 y 之關係，比能水頭為水深與流速水頭之和，即：

$$H_0 = y + \frac{Q^2}{2gA^2} \tag{7-3}$$

為方便起見，以下的討論限定於矩形斷面渠道來進行。在此種情況下，$A = By$，$Q = Bq$；B 為渠寬；q 為單寬流量。因此式（7-3）變成：

$$H_0 = y + \frac{q^2}{2gy^2} \tag{7-4}$$

　　由圖 7.1 可以看出比能水頭，$H_0 = H - z$，代表了底床以上的總水頭高程。一般總水頭 H 是以水平基準面的高程為基準，不隨底床高程而變動，但比能水頭是以底床的高程為基準，所以會隨底床高程起伏而變化。顯然地，即便是 q 維持定值，y 仍會隨著 H_0 的變化而變化；不過，如果 Q 固定而 B 變動或 B 固定而 Q 變動，則 q 亦仍是個變數。由於式（7-4）有 q 及 H_0 二個自變數，自變數對 y 的影響就必須分別來探討。

　　如果將 q 固定，則由式（7-4）可以求算任何一個指定的 H_0 所對應的水深 y，反過來可以先指定水深 y 再求算 H_0；如此持續計算即可獲一連串的 $H_0 \sim y$ 關係，並將之點繪成曲線如圖 7.3 所示，稱為比能水頭曲線。由圖可以看到，在 H_0 最小值 $H_{0,m}$ 以上，每一個 H_0 值可以對應二個可能水深 y 值，稱為交替水深；這也就是說一個給定的 q 值，可能發生在小水深高流速或大水深低流速的情況，而兩者的比能水頭 H_0 是相同的。從另一方面來看，在該給定的流量 q 之下，$H_0 < H_{0,m}$ 是不可能發生的。對應於 $H_{0,m}$ 的水深只有一個值 y_c，稱為臨界水深，流速也是只有一個值 V_c，稱為臨界流速；而 y_c 可由 $dH_0/dy = 0$ 的條件求得，即：

$$y_c = \left(\frac{q^2}{g}\right)^{1/3} = \frac{V_c^2}{g} \tag{7-5}$$

　　進一步檢視圖 7.3 的比能水頭曲線可以發現以下二點：(1) 在 $y > y_c$ 的區域，y 會隨著 H_0 的增加而增加；(2) 在 $y < y_c$ 的區域，y 則隨 H_0 的增加而減少。於是

在給定 q 的渠道中,當 H_0 減少(亦即底床抬升 Δz)時,水面曲線的沿程變化可能有二種情況,如圖 7.4(a) 所示,其一為在 $y < y_c$ 的區域的水深從斷面①的 $y_1{}'$ 往

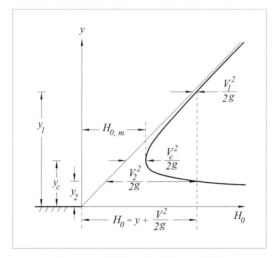

圖 7.3　給定 q 之 $H_0 \sim y$ 曲線

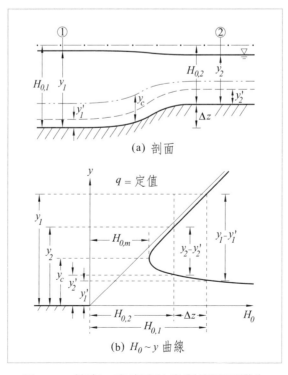

(a) 剖面

(b) $H_0 \sim y$ 曲線

圖 7.4　給定 q 之底床抬升對應流況變化

下游方向逐漸增加至斷面②的 y_1'；另一爲在 $y > y_c$ 區域的水深從 y_1 往下游逐漸減少至 y_2。就斷面②而言，底床抬升 Δz 使其交替水深差距從原與斷面①相同的 $y_1 - y_1'$ 減少至 $y_2 - y_2'$，如圖 7.4(b) 所示；如果底床抬升量 Δz 再增加，則斷面②的交替水深差距減得更小，甚至於可能使 $y_2 - y_2' = 0$ 而達到臨界水深 y_c 的狀態。由於發生 y_c 狀態表示給定 q 值能夠順利通過底床抬升 Δz 的渠段所需 $H_{0,m}$ 值。因此，若 Δz 又進一步增加，則該流量 q 就無法通過底床抬升的渠段，而致上游渠段的水面必須升高（若 $y_1 > y_c$）或降低（若 $y_1 < y_c$）以增加 H_0，才能使 q 順利通過。

如果來流的 H_0 爲定值，式（7-4）可以改寫成：

$$q = \sqrt{2gy^2/(H_0 - y)} \qquad (7\text{-}6)$$

將上式 q 對 y 的關係繪成曲線，如圖 7.5 所示，稱爲 $q \sim y$ 流量曲線。由圖可知，H_0 爲定值的 $q \sim y$ 曲線有一個最大值 q_{max}，而任一小於 q_{max} 的 q 值均對應二個可能的交替水深。q_{max} 對應的水深可由 $dq/dy = 0$ 的條件求得，即：

$$y_c = \frac{2}{3}H_0 = \frac{V_c^2}{g} \qquad (7\text{-}7)$$

雖然式（7-7）所示結果與前述式（7-5）完全相同，但由式（7-5）所定義的臨界水深爲通過給定流量 q 所需之最小比能水頭 $H_{0,m}$ 所對應的水深；而由式（7-7）所定義者則爲給定比能水頭 H_0 所能通過的最大單寬流量 q_{max} 所對應的水深。

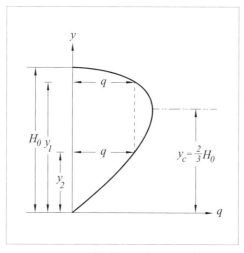

圖 7.5 給定 H_0 之 $q \sim y$ 曲線

上述 $q \sim y$ 曲線可以直接用來分析從水庫流進渠道的流量。由於水庫內的蓄水量很大，水面洩降很慢，故比能水頭 H_0 可以假設爲定值；同時，假設渠道很短且其末端爲自由跌落，在中間部位有一閘門可調節流量，則在閘門關閉的情況下，$q = 0$，$y_1 = H_0$，$y_2 = 0$；閘門打開後，流量 q 及下游水深 y_2 隨閘門開度的增加而增加，如圖 7.6(a) 所示。由於在給定 H_0 的條件下，最大單寬流量發生在 $y = y_c$，因此閘門開度大於 y_c 之後，流量就不再受閘門開度的影響，而且水深就維持在 y_c，如圖 7.6(b) 所示。閘門全開以後，如果渠道末端有堰板抬升水位使 $y > y_c$，則 q 隨 y 的增加而減少，直到 $y = H_0$ 時 $q = 0$ 爲止。

在這裡特別要提醒的是：上敘述分析方法所採用的方程式有一項基本假設，那就是靜水壓分布；在流線有顯著曲率存在的渠段就無法滿足這樣的假設。例如在圖 7.6 中緊鄰閘門下方、水庫端及自由跌落端附近等渠段的水面曲線都有明顯曲率，其斷面上的壓力並非爲靜水壓分布。因此，在作分析的斷面選擇時應避開非靜水壓分布的位置。

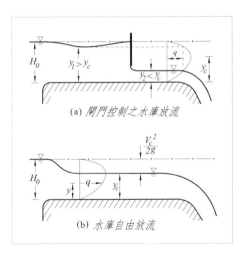

圖 7.6 給定 H_0 之 $q \sim y$ 曲線應用例

雖然上述明渠流的水面變化是水深及底床高程變化的結果，但是相同的水面變化也可能完全由渠寬的窄縮或放寬而形成。在這種情況下，仍然會有二個交替水深對應一個指定流量或一個指定比能水頭，而其臨界水深及臨界流速亦具有如前所述之意義。不過，必須注意的是在超臨界流狀態下，在水平方向邊界的變化可以預期會導致斜向水面波的產生；關於此類水面波的分析甚爲複雜，顯然已超出本書的討論範圍，有興趣者可參考其他相關文獻 [3,7]。另外也須注意的是，依福祿數 F 爲相似性之準則，可以將模型試驗結果轉換成相似邊界形狀的任何大小的現場實況，而不必考慮複雜的水面波效應。

如前所述，在流量 q 爲定值的條件下，臨界水深表示該流量具有的比能水頭爲最小；而在比能水頭 H_0 爲定值的條件下，臨界水深則表示該比能水頭具有的流量爲最大。不論如何，臨界狀態的流速水頭對水深的比值爲 $(V_c^2/2g)/y_c = 1/2$。將這種狀態的水流（或任何液體流）福祿數以平均流速、平均水深及重力加速度來定義，可以發現 $F = V_c/\sqrt{gy_c} = 1$。這也就是說 F = 1 是代表臨界流況，不管是比能水頭爲最小或流量爲最大都是一樣的。顯然這種形式的 F 值直接依流速水頭對水深的比值而定，因此 F < 1 表示 $y > y_c$ 及 $V < V_c$，而 F > 1 則表示 $y < y_c$ 及 $V > V_c$。對任何一種給定形狀的固定邊界的渠道變化段而言，水面線的形狀應爲上游來流福祿數 F 的唯一函數；這是用水工模型試驗檢視水工結構設計妥適性的一件非常重要的依據。

3. 微小水面波

前一節所述爲固定邊界的渠道變化段所引致其上、下游段明渠流水面線的變化，但這種影響對於時間是不變的；如果邊界在某個時間起了變化，當然水面線也會隨時間變動。例如渠中某一特定地點的閘門開度固定，其所產生的水面線變化只是依不同的斷面位置而異；不過，如果閘門開度隨著時間有了變化使得流況成爲非恆定狀態，水面線就會隨著時間而變。這樣一個非恆定明渠流現象與管道流明顯不同之處在於除流速隨時間變化之外，還有水面線及水深也隨時間而變。

在上述情況下，只有當水面線的形狀維持固定不變時，一維分析法才可以應用，而且必須透過觀測者適當的移動而轉換。例如在一個底床爲水平的水槽中有靜止水體，其深度爲 y，水面因受到干擾而有一微小水面波向左方以定波速 c 傳遞，如圖 7.7(a) 所示；相對於靜止的整個水體而言，水面波的運動爲非恆定流。此時若觀測者（或儀器）也以 c 的速度跟著這微小水面波往左方前進，則其所觀測到的流場是水槽中的水以 V = c 的流速向右方流動；就觀測者而言，水槽的水在每一個斷面均以 V = c 向右流動，如圖 7.7(b) 所示。經由這樣的移動座標轉換結果所呈現的是一個恆定流的流況，總水頭爲定值 H_0。將式（7-4）對 y 微分並

令 $dH_0/dy = 0$，可得：

$$\frac{dV}{dy} = -\frac{g}{V}$$

同時由於 $q = Vy$ 為定值的關係，將之對 y 微分可得：

$$\frac{dV}{dy} = -\frac{V}{y}$$

令以上二者之等號右側相等即可得：

$$V = \sqrt{gy} = c \qquad\qquad (7\text{-}8)$$

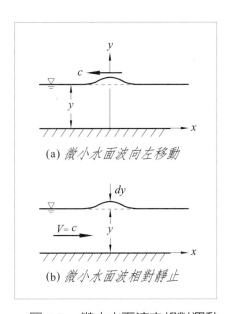

(a) 微小水面波向左移動

(b) 微小水面波相對靜止

圖 7.7　微小水面波之相對運動

換句話說，水槽中的微小水面波的傳遞速度依重力加速度及水深而定。雖然海面上的波浪也是重力波的一種，但式（7-8）不能應用，因水深較大者其波速與水深無關而與波長 λ 有關，即 $c = \sqrt{g\lambda/2\pi}$ ，稱為深水波；明渠水面波則稱為淺水波。只要是水槽中的水體是靜止的，微小水面波的實際傳遞波速為 c；一旦水體是以速度 V 在流動，則相對於靜止觀測者的波傳速度 V_w 就會等於水的流速 V 加上或減去靜止水體上的微小水面波的波速 c，即：

$$V_w = V \pm c \qquad\qquad (7\text{-}9)$$

　　上式的正、負號分別表示微小水面波的波速方向與 V 相同或相反。於是現在就很清楚了，如果明渠流之流速 V 大於微小水面波的波速 c 而且二者方向相反，則相對於靜止觀測者而言，這樣的微小水面波便無法往上游傳遞。事實上福祿數可以表成 $F = V/\sqrt{gy} = V/c$，也就是說 F 是水流速 V 對微小水面波波速 c 的比值；當 $F > 1$ 也就是 $V > c$ 時，微小水面波無法往上游傳遞；當 $F < 1$ 也就是 $V < c$ 時，微小水面波就可以往上游傳遞。

7.2 急變流

1. 湧浪

　　自然界有很多水面波的波幅並不是微小的。當波幅大到一定程度時，水深的變化就會使流線有明顯曲率，其分析法甚為複雜，已超出了本書的範圍。不過，根據前人對於具一定波幅且波形穩定的孤立波解析及實驗研究結果顯示，其波速與微小水面波的波速不同。波速 c 與水深 y_1 及波高 Δy 的關係可用下式近似表示之：

$$c = \sqrt{gy_1}\left(1 + \frac{\Delta y}{y_1}\right)^{1/2} \tag{7-9}$$

在上式中，當 $\Delta y/y_1 \rightarrow 0$，波速即為微小水面波；當 $\Delta y/y_1$ 逐漸增加而趨近於 1 時，這種水面波會變成不穩定，而且波峰漸趨尖銳而致最終成為碎波。因此當 $\Delta y/y_1 \geq 1$，時，式（7-9）就失去物理意義。

　　另外一種不同形態的非恆定水面波運動現象，稱之為湧浪，是由於急劇的流量或水深的變動而產生的。只要湧浪的相對高度 $\Delta y/y_1 < 1$，它是以一系列的水面振盪形式出現在較大水深部位，如圖 7.8(a) 所示。如果 $\Delta y/y_1 \geq 1$，則第一個波變成碎波後使得水面有不連續的突變，如圖 7.8(b) 所示。以上所述二種湧浪都會達到穩定的形狀，而且其波速也會依基本的微小水面波的波速及相對波高而定；湧浪是以波速 c 在原為靜止的水面上傳遞的非恆定流。雖然這樣的非恆定流況也可以 $V = c$ 疊加之後轉換成恆定流，但第二種湧浪因水面不連續的突然增高變成碎波而有明顯的能量損失，使得總水頭為定值的假設不成立。不過，連續方程式及動量方程式仍然可以適用於這種經由移動座標轉換後的恆定流；由於作用在水面突變渠段的水平外力只有斷面①及②的靜水壓，如圖 7.8(c) 所示，因此其水平作用力之和與動量通量變化的關係可表如下：

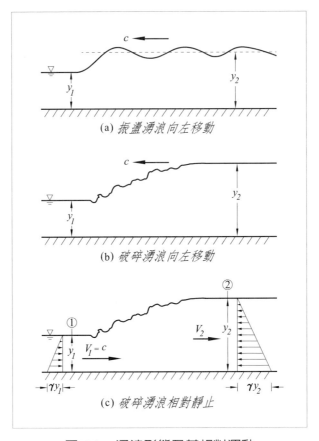

(a) 振盪湧浪向左移動

(b) 破碎湧浪向左移動

(c) 破碎湧浪相對靜止

圖 7.8 湧浪形態及其相對運動

$$\frac{\gamma}{2}(y_1^2 - y_2^2) = \rho q(V_2 - V_1) \tag{7-10}$$

將連續方程式 $q = V_1 y_1 = V_2 y_2$ 代入上式可得湧浪的波速為：

$$V_1 = c = \sqrt{gy_1}\left[\frac{1}{2}\frac{y_2}{y_1}\left(\frac{y_2}{y_1}+1\right)\right]^{1/2} \tag{7-11}$$

上式表明湧浪波速為基本的微小水面波的波速及湧浪波高 $\Delta y (= y_2 - y_1)$ 的函數關係。比較式（7-9）與式（7-11）可以發現，二者的波速均以微小水面波的波速 $\sqrt{gy_1}$ 為基礎再分別乘以不同的 $\Delta y/y_1$ 有關因子，但是在 $\Delta y/y_1 > 1$ 水面線突變之後，c 與 $\Delta y/y_1$ 的關係就變得更複雜。

2. 水躍

　　在超臨界明流渠中，若設有閘門並將其開度關小，則上游水面會形成湧浪，以相對於來流的波速 c 向上游渠段傳遞，對於靜止觀測者而言，其傳遞速度為 $V_w = V_1-c$。顯然若來流速度 V_1 與 c 大小相等方向相反，則湧浪傳遞速度 $V_w = 0$，亦即湧浪成為靜止狀態；這現象稱為水躍，如圖 7.9 所示。在此狀態下 $V_1 = c$，式（7-11）可以重新寫成：

$$\frac{V_1}{\sqrt{gy_1}} = F_1 = \left[\frac{1}{2}\frac{y_2}{y_1}\left(\frac{y_2}{y_1}+1\right)\right]^{1/2} \tag{7-12}$$

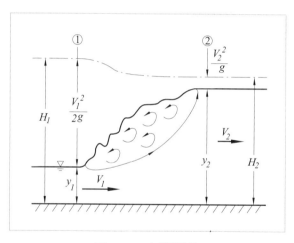

圖 7.9　水躍現象

上式中水躍前斷面①的水深 y_1 與水躍後斷面②的水深 y_2 稱為共軛水深，其比值 y_2/y_1 可表成 F_1 的函數：

$$\frac{y_2}{y_1} = \frac{1}{2}[(F_1^2 + 1)^{1/2} - 1] \tag{7-13}$$

式（7-13）明確顯示水深比是 F_1 的唯一函數。這就充分地說明了 F_1 是此種重力流現象相似性的主要依據。

　　如果是依據斷面①及②的總水頭相等的假設來推導 F_1 與 y_2/y_1 的關係，則因未考慮能量損失而使得結果不正確。事實上，水躍現象所呈現的水面不連續部位是一段較為急劇的水面升高段，就會如同管道的擴張段形成許多大大小小的漩渦，水流的部分動能轉移成大漩渦的動能，再由大漩渦轉移到更小漩渦，最後至更小漩渦經由黏剪力作用消耗掉。因此，可將能量方程式寫成：

$$\frac{V_1^2}{2g} + y_1 = \frac{V_2^2}{2g} + y_2 + H_\ell \qquad (7\text{-}14)$$

其中 H_ℓ 爲水躍前、後的總水頭差，稱爲水躍損失水頭。將上式除以 y_1 並代入連續方程式關係 $V_2 = V_1 y_1/y_2$ 可得：

$$\frac{1}{2}F_1^2 + 1 = \frac{1}{2}F_1^2\left(\frac{y_1}{y_2}\right)^2 + \frac{y_2}{y_1} + \frac{H_\ell}{y_1} \qquad (7\text{-}15)$$

將式（7-12）代入式（7-15）可得：

$$\frac{H_\ell}{y_1} = 1 + \frac{1}{4}y_r(y_r + 1) - \frac{1}{4}(1 + y_r^{-1}) - y_r = \frac{(y_r - 1)^3}{4y_r} \qquad (7\text{-}16)$$

上式中 $y_r = y_2/y_1$。當來流的 F_1 及 y_1 給定時，即可由式（7-13）求得 y_r，接著就可由式（7-16）求得 H_ℓ/y_1 並進而計算得 H_ℓ。如果 $y_r \gg 1$，則式（7-16）趨近於 y_r 的二次式，故可預期 H_ℓ/y_1 會隨著 y_r 的增加而快速增加。換句話說，水躍的能量損失隨水躍前、後的水深比而異，水深比愈大能量損失亦愈大，例如在 $y_r = 7$（相當於 $F_1 = 5.3$）時，H_ℓ/y_1 就佔來流總水頭的比例就超過 50%。這樣的結果表明可以利用水躍現象在高流速的瀉槽或溢道下游端消能，以確保水工結構物的安全。

3. 銳緣堰流

銳緣堰通常是安裝在明渠中的一塊平板，其板面與來流之流向成正交，板頂爲銳緣，使來流水位抬升越過堰頂溢流進入下游，如圖 7.10 所示。水位抬升程度與來流的單寬流量有關，故銳緣堰可以作爲量測流量的裝置。同時當然亦可作爲控制上游來流水位的設施。

其實銳緣堰溢流可說是由圖 3.13(b) 所示二維孔口流轉變而來的。如果該圖中的平均水頭 $\bar{h}$ 趨近於 $b/2$，則孔口上邊緣對水流就不再有束縮作用，而其下邊緣就成爲一般所熟悉的銳緣堰。此時若以 $b/2$ 取代 $\bar{h}$，則可將式（3-25）的流量係數 C_d 寫成：

$$C_d = \frac{2}{3}C_c\sqrt{2}\left[\left(\frac{v_0^2}{2gb} + 1\right)^{3/2} - \left(\frac{v_0^2}{2gb}\right)^{3/2}\right] \qquad (7\text{-}17)$$

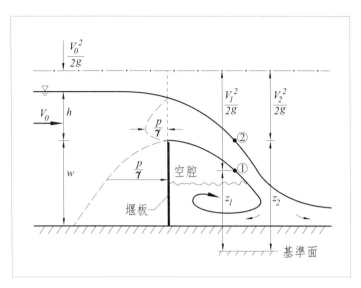

圖 7.10　二維堰口之重力流

事實上，堰上的水頭是由銳緣算起，所以現在就將式（3-21）中的孔口通流斷面積 b 改為堰頂以上通流斷面積水頭 h 取代之，同時堰上各點的平均水頭 $\bar{h}$ 以 $h/2$ 取代之，則可將式（3-24）改寫成：

$$q = \frac{2}{3} C_c \left[\left(\frac{v_0^2}{2gh} + 1 \right)^{3/2} - \left(\frac{v_0^2}{2gh} \right)^{3/2} \right] \sqrt{2g} h^{3/2} \qquad （7\text{-}18）$$

傳統上銳緣堰的流量公式寫成：

$$q = \frac{2}{3} C_d' \sqrt{2g} h^{2/3}$$

將上式與式（7-18）比較可知：

$$C_d' = C_c \left[\left(\frac{v_0^2}{2gh} + 1 \right)^{3/2} - \left(\frac{v_0^2}{2gh} \right)^{3/2} \right]$$

其中的 C_c 可由圖 2.7 求得：求取 C_c 值時，邊界幾何參數 b/B 以 $h/(h+w)$ 取代之，其中 w 為堰高；同時 $v_0^2/2gh$ 亦隨 h/w 而變，因此 C_d' 為 h/w 的函數。依據試驗結果，此一函數關係可以下式近似表示之：

$$C_d' = 0.611 + 0.075 \left(\frac{h}{w} \right) \qquad （7\text{-}19）$$

此處要特別提醒：由式（7-19）求得的 C_d' 須乘以 2/3 才是相當於式（3-24）中的

C_d 值。換言之，孔口流與堰流的流量係數定義不儘相同，因此在做比較時必須先給予適當調整。

以上所述的各種關係是建立在一條件上：水舌上、下方的壓力均為大氣壓才能成立；顯然這些關係必須在這個條件充分滿足時才可適用。換言之，水流在堰板下游撞擊渠床時，若水舌下方形成封閉的空腔，其中的空氣將被水舌逐漸捲走，就會使空腔壓力低於大氣壓而致水舌向下偏移。對應於這個現象，假如流量不變，則堰上水頭就會減小。由此可以下個結論：以銳緣堰作為量水裝置時，水舌下方的空腔壓力必須維持與水舌上方的大氣壓相同；為達到這個目的，量水堰兩側應裝設通氣管道。

4. 閘下射流

閘下射流與二維射流有顯著差異，前者由於渠床撐托著射流的關係而成為非自由射流，如圖 7.11 所示；而後者則為自由射流。圖 7.11 中之閘門上游遠處均勻流斷面①的壓力為靜水壓分布，其下游遠處斷面②亦為均勻流靜水壓分布；在能量損失可以略而不計的情況下，斷面①與斷面②之間的連續方程式及柏努利方程式可分別寫成：

$$V_1 y_1 = V_2 C_c b = q \tag{7-20}$$

及

$$\frac{V_1^2}{2g} + y_1 = \frac{V_2^2}{2g} + C_c b \tag{7-21}$$

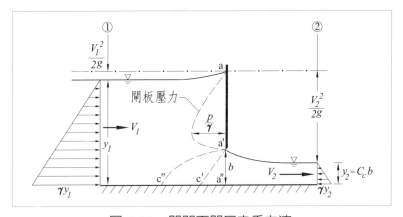

圖 7.11　閘門下開口之重力流

將上二式聯立求解 V_2 後，可得單寬流量 q 如下：

$$q = V_2 C_c b = C_d b \sqrt{2gy_1} \qquad （7\text{-}22）$$

其中

$$C_d = \frac{C_c}{\sqrt{1 + C_c b / y_1}} \qquad （7\text{-}23）$$

由於閘下射流的壓力分布與自由射流者不同，因此圖 2.7 所示的束縮係數不能應用於閘下射流情況。試驗結果顯示在 $b/y_1 < 0.5$ 的區間內，C_c 值約介於 0.605~0.611 之間，變化非常有限；流量係數 C_d 則隨 b/y_1 的增加而減小。這可由式（7-23）來說明，當 C_c 幾乎為定值時，C_d 與 $\sqrt{1 + C_c b / y_1}$ 成反比，亦即 C_d 隨 b/y_1 增加而減小。另一方面亦可以從物理上來解釋，由於閘門下游有渠床，使得射流內部有靜水壓存在，抵消掉上游斷面的一部靜水壓。換言之，上游斷面的總水頭並沒有完全轉換成下游斷面的射流動能，也就是說閘下射流的流量係數 C_d 會較自由射流者為小。

至於 C_c 值在 $b/y_1 < 0.5$ 的區間變化不大的原因，亦可以從物理上來解釋，因為閘門下游底床的支撐，使靠近床面的流線沿著床面成直線，而在水面附近的流線彎曲程度除受邊界（含水面）幾何的影響之外，同時亦受到重力影響。如果閘門開度 b 固定而上游來流水深 y_1 相對很大，則 $b/y_1 \to 0$ 以致流速很大，水面線束縮的形狀受邊界幾何的影響相對較大，而重力影響不大；因此 C_d 值與 $b/B \to \infty$ 的孔口射流者（0.611）相近。

相反地，若來流的水深逐漸減小，則 b/y_1 變大流速變小、重力影響相對變大、邊界幾何的影響不大；如果 y_1 繼續減小使 b/y_1 趨近於 1，則水面流線趨近於水平，此時 C_c 值應趨近於 1，而成為均勻流，C_d 就不再具有物理意義。

雖然在上游斷面①及下游斷面②的壓力均為靜水壓分布，但在閘門附近因流線並非平行於底床面，故其壓力就不是靜水壓分布。由於閘板唇緣與大氣接觸，如圖 7.11 中 a' 點，其壓力為大氣壓，因此閘板上游板面之壓力從滯點 a 的大氣壓往下漸增到一定深度後漸減至 a' 點回到大氣壓。最後再漸增至底床面 a" 點，其壓力較從 a' 至 a" 的靜水壓高出許多，如圖中之 c'c" 所示；這是因為閘門開口附近的流線束縮而彎曲形成朝法線方向的壓力梯度所致。

7.3 均勻流

1. 阻力係數

　　明渠流的自由水面是與大氣接觸的，其上任一點的壓力為大氣壓，因此自由水面上任何二點之間的壓差為 0。除此之外，明渠流的基本特性是與管道流相同的，例如一個梯形斷面的渠道可以看成是一個六邊形斷面管道的一半，如圖 6.7 所示。換言之，任何斷面形狀的明渠都可於水面上方加上一個斷面映像而成為一個管道；這管道雖然斷面積及濕周長度均是明渠者的加倍，但水力半徑相同，故其阻力係數與原來的渠道完全相同。基於這樣的概念，管道流的阻力係數關係式就可以應用於明渠流。事實上，在近代流體力學出現之前，許多水利工程師基於實務工作上的需要，從河川實地觀測資料發展出不少與阻力係數相關的明渠流經驗公式，其中至今仍廣受歡迎者有**蔡希**（A. de Chezy）公式及**曼寧**（R. Manning）公式。

2. 蔡希公式

　　明渠流的底床坡度、斷面形狀、水深及平均流速均沿著主流 x 方向維持不變者稱為均勻流；在這種狀態下，能量線及水面線都與底床線平行，如圖 7.12 所示，能量線的坡降 S_f 亦與底床坡降 S_0 相同。由於均勻流的平均流速不隨沿程距離 x 而變，水流從斷面①流到斷面②的過程中沒有加速度，因此在二斷面間的水體重量在 x 方向的分量必須與此渠段 Δx 的邊界阻力相等，即：

$$\gamma A \Delta x S_0 = \tau_{0,m} P_w \Delta x \tag{7-24}$$

上式中 γ 為水體的比重量；A 為渠道通水斷面積；S_0 為渠床坡降；P_w 為渠道斷面的濕周長度；及 $\tau_{0,m}$ 為濕周平均剪力。將 $\tau_{0,m} = f\rho V^2/8$ 代入式（7-24）可得：

$$V = \sqrt{\frac{8g}{f} R S_0} = C\sqrt{R S_0} \tag{7-25}$$

由於 $V = Q/A$，式（7-25）可改寫成：

$$Q = CA\sqrt{R S_0} \tag{7-26}$$

這種型式的流量關係式稱為蔡希公式，其中 $R = A/P_w$ 為水力半徑；及 $C = \sqrt{8g/f}$。蔡希是十八世紀的法國工程師，他根據許許多多的河川實測資料所歸納出來的蔡

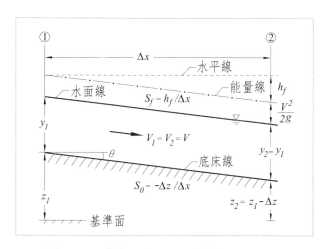

圖 7.12　均勻明渠流之定義與相關變數

希公式，能與由近代流體力學的驅動力與阻力平衡觀念所推導出的結果相同，可說是難能可貴的。不過，蔡希流量係數 C 與阻力係數 f 在物理意義並不是完全相同的；C 是流量 Q 與 $A\sqrt{RS_0}$ 的比值，故稱為蔡希流量係數。另外，C 含有與 $\sqrt{g}$ 相同的因次單位 $[L^{1/2}T^{-1}]$，而 f 則是一個無因次單位的純數。因為 $\sqrt{g}$ 基本上是個定值，所以可說是 C 為 $1/\sqrt{f}$ 的 $\sqrt{8g}$ 倍；就以公制單位而言，C 大約為 $1/\sqrt{f}$ 的 8.85 倍；而在英制則為 16.05 倍。

3. 曼寧公式

　　在卡門‧普朗特發展出流速分布方程式並釐清 f 與邊界粗糙度及 R 的關係之前，由於工程實務上的需求，研究者早就已經建立了流量 Q（或流速 V）與邊界粗糙度關係的各種經驗公式，其中至今仍然被廣泛應用者為曼寧公式：

$$Q = \frac{C_n}{n_r} A R^{2/3} S_0^{1/2} \tag{7-27}$$

上式中 n_r 為代表邊界粗糙度的曼寧係數；C_n 值在英制單位為 1.49、公制單位為 1.0。比較式（7-26）與（7-27）可發現：

$$C = \frac{C_n}{n_r} R^{1/6} = \sqrt{\frac{8g}{f}} \tag{7-28}$$

　　由於 n_r 是代表粗糙度，其量度單位僅與粗糙元素大小即長度 $[L]$ 有關，而

$R^{1/6}$ 的單位因次為長度 L 的 1/6 次方，即 $[L^{1/6}]$，因此曼寧係數的單位因次亦應為 $[L^{1/6}]$。如前所述 C 的單位因次與 $\sqrt{g}$ 者相同，所以式（7-28）中的係數 C_n 的單位因次為 $[L^{1/2}T^{-1}]$。若式（7-27）以英制單位為準，其中 n_r 值的單位為 $[ft^{1/6}]$，係數 1.49 的單位為 $[ft^{1/2}s^{-1}]$，則 $1.49/n_r$ 的單位為 $[ft^{1/3}s^{-1}]$。若式（7-28）改以公制單位為準，則其中 $C_n = 1.49/n_r$ 的單位轉換為：$1.49 \times (m/3.28)^{1/2}s^{-1}/(m/3.28)^{1/6} = 1.0m^{1/3}s^{-1}$。這也就是式（7-27）改為公制時其係數 1.49 須以 1.0 取代的道理；同時必須特別注意式中 n_r 值仍然維持原有的英制單位情況下的 n_r 值。在實務上，各種邊界粗糙情況的曼寧係數值如表 7.1 所示。

表 7.1　各種邊界表面之曼寧糙度係數值 [3]

邊界表面	曼寧 n_r 值
光滑玻璃／塑膠	0.010
水泥漿塗面	0.011
鏝修混凝土	0.012
未修混凝土	0.014
磚砌／石襯砌	0.014
平整泥土	0.015～0.017
泥土，少許石塊／雜草	0.025
畢直河段，無野草	0.025～0.030
蜿蜒河段，少許野草	0.033～0.040
蜿蜒河段，茂密野草 *	0.075～0.150

* 各種不同河段情況之 n_r 值可參考 [1]

因 n_r 的單位因次為 $[L^{1/6}]$，故比值 n_r^6/R 就相當於完全粗糙管道流的相對粗糙度參數 k/R；而在實務上最常用到的 n_r 值範圍為 0.01～0.03，其所對應的 k/n_r^6 比值的變化範圍約為 1～800 倍之間；這就表示 n_r 值增為 3 倍，相當於 k 值增為近 800 倍。換言之，渠道邊界粗糙元素的大小變化對於 n_r 值的影響並不很敏感。

換個角度來看，相對粗糙度參數 k/R 與 $n_r/R^{1/6}$ 的關聯也就表明 n_r 與 $k^{1/6}$ 有直接關係。在實際應用上，$n_r/R^{1/6}$ 值的變化範圍大約在 0.009～0.025 之間，由式（7-28）可以推算出 $1/\sqrt{f} = 4.52～12.42$；將此 $1/\sqrt{f}$ 值代入常數項修正為 1.14 的式（6-

17）可得 k/R 值，再取其 $1/6$ 次方得出 $(k/R)^{1/6}$。然後將 $n_r/R^{1/6}$ 與 $(k/R)^{1/6}$ 的對應關係點繪於圖 7.13，可觀察到兩者之間幾乎成爲直線關係。

如果 n_r 值能夠充分代表 k 的影響，則 $n_r/R^{1/6}$ 與 $(k/R)^{1/6}$ 之間應爲線性關係；而事實上，如圖所示，兩者之間的關係並不完全符合直線關係，其偏離程度可認爲是曼寧公式的誤差，但就實務應用範圍而言，誤差並不大 [13]。這也就是一百多年來曼寧公式一直普受歡迎的原因。另外，要特別提醒的是：這一類的公式都沒有將流體黏性考慮在內，因此在低雷諾茲數的流況下，其準確性較不理想。

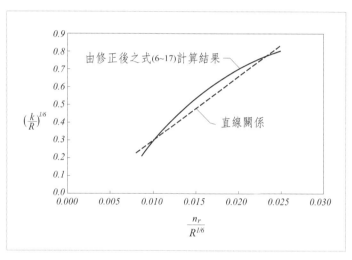

圖 7.13　曼寧糙度係數與邊界粗糙度之關係

4. 正常水深

蔡希公式及曼寧公式中的 A 及 R 皆爲流水深 y 之函數。如果 Q 及 n_r（或 C）已給定，則水深 y 將隨渠床坡度 S_0 的大小而異；當 S_0 增加時，y 就降低，A 及 R 亦然。爲求解 y，以曼寧公式而言，可先將式（7-27）改寫成：

$$AR^{2/3} = \frac{Q\,n_r}{C_n\sqrt{S_0}} \qquad（7\text{-}29）$$

若指定一個 S_0 值，則上式等號右側爲已知，因此可由 $AR^{2/3}$ 與 y 的關係尋求一個可以滿足式（7-29）的 y 值，此 y 值就是均勻流水深，稱爲正常水深 y_n。以矩形斷面的明渠流而言，$A = By$，$P_w = B + 2y$，且 $R = A/P_w = y/(1 + 2y/B)$；當 $y \ll B$ 時，

$R \to y$，由式（7-29）可求得寬廣明渠流的正常水深 y_n 如下：

$$y_n = \left(\frac{n_r}{C_n} \frac{Q}{B\sqrt{S_0}} \right)^{3/5} \tag{7-30}$$

5. 臨界坡度

由式（7-30）可以瞭解到，在 n_r 及 Q/B 給定的情況下，當 S_0 由小變大時，y_n 就由大變小，而對應於 y_n 的流速 V_n 由小變大；中間會有個一 S_0 使得 $y_n = y_c$ 及 $V_n = V_c$。此一發生臨界水深 y_c 及臨界流速 V_c 的底床坡度稱爲臨界坡度 S_c。將式（7-5）的 y_c 與 $q(= Q/B)$ 的關係代入式（7-30）可得：

$$S_c = \left(\frac{n_r}{C_n} \frac{q}{y_c^{5/3}} \right)^2 = \left(\frac{n_r \sqrt{g}}{C_n y_c^{1/6}} \right)^2 \tag{7-31}$$

7.4 漸變流

1. 漸變流方程式

在自然界沒有任何河川沿程是筆直的、而且斷面形狀及底床坡度是沿程不變的，即便能夠找到一小段河道具有均勻的特性，其中水流也會受到上、下游河段的影響，因此可以說均勻流的河川幾乎是不可能存在的。就人工渠道而言，具有固定斷面形狀及坡度的筆直渠段雖然有較高的出現機率，但因渠中的各種構造物如閘門、堰堤、橋墩等均會對水流造成干擾，以致眞正均勻流存在於人工渠道中的情況亦不多見。因此，均勻流實際上僅能被視爲是漸近的極限條件，而非眞正可達到的狀態。換句話說，即使渠道沿程的坡度、斷面形狀及粗糙度等邊界條件均甚均勻，一旦其中水流在某一位置受到構造物的干擾之後，局部的非均勻效應須透過長距離的邊界阻力來消減。不過，在逐漸趨近於均勻流的漫長路程中，水深的變化非常緩慢，因此位變加速度幾乎是可以完全忽略不計的。顯然地，就如同在渠道變化段探討加速度效應時考慮邊界阻力效應可以忽略的方式一樣，在加速度效應可以忽略的情況下，水深變化的分析可當作阻力問題來處理。爲了確保加速度效應眞的是可以忽略，這種分析當然必須限制在非均勻的程度很輕微的條件下，這就是一般所稱的漸變流的意義。

就阻力引致水深變化的分析而言，可從比能水頭的定義 $H_0 = H - z$ 來著手；將 H_0 對沿程距離 x 微分可得：

$$\frac{dH_0}{dx} = \frac{dH}{dx} - \frac{dz}{dx} \qquad (7\text{-}32)$$

上式等號左側為比能水頭 H_0 的沿程變化率；右側第一項為總水頭的沿程變化率，亦即能量坡降 $dH/dx = -S_f$；第二項為底床坡降 $dz/dx = -S_0$；在加速度效應可略而不計的情況下，能量坡降可由曼寧公式計算而得，即 $S_f = n_r^2 R^{1/3}/(C_n V)^2 = -dH/dx$。將 S_f 及 S_0 代入式（7-32）可得：

$$\frac{dH_0}{dx} = S_0 - S_f \qquad (7\text{-}33)$$

在真正的均勻流情況下，總水頭線必須平行於底床線，亦即 S_f 等於 S_0，因此 $dH_0/dx = 0$。在非均勻情況下，為了方便計算水面線起見，將上式中之 dH_0/dx 以有限差分方式 $\Delta H_0/\Delta x$ 替代，式（7-33）可以用下式近似之：

$$\Delta x = \frac{\Delta H_0}{S_0 - S_f} \qquad (7\text{-}34)$$

在渠道斷面形狀、底床坡度、邊界粗糙度 n_r 值及流量 Q 給定之情況下，依照式（7-34）計算水面線的步推積分法步驟如下：

(1) 擇定一處水深 y_1 已知的位置（如閘門、溢洪道頂⋯等）為起始斷面①。

(2) 設定另一未知位置斷面②的水深增（或減）量為 Δy，則 $y_2 = y_1 + \Delta y$。

(3) 計算兩斷面間的比能水頭變化量 $\Delta H_0 = \Delta(V^2/2g) + \Delta y$。

(4) 用曼寧（或蔡希）公式分別計算兩斷面的能量坡降 S_{f1} 及 S_{f2}，並取二者平均為代表值 $\overline{S_f}$。

(5) 將 ΔH_0，$\overline{S_f}$ 及 S_0 代入式（7-34），即可求得二斷面間的距離 Δx。

(6) 以 y_2 在所位置為新的起始斷面，重複步驟 (2) 至 (5) 計算下一個 Δx。

在上述的計算步驟中，設定 Δy 也就是設定 y_2；如果渠道沿程的斷面形狀、底床坡度及邊界粗糙度有變化，則由於 Δx 為未知，以致 A, R 及 $\overline{S_f}$ 無法直接計算。因此，必須以漸近法處理，先假設 $S_{f2} = S_{f1}$，近似求得 Δx 之後重新計算 S_{f2} 及 Δx，一直到前、後兩次的 Δx 值很接近時，才得以確定 y_2 的所在位置。

另外一個問題是在步驟 (2) 設定 Δy 時，究竟要增量或減量，就必須依 dy/dx 的變化趨勢為正值或負值而定。有關水深變化趨勢將在下一個小節討論。

2. 水面線變化趨勢

　　爲對水深沿程變化作定性的瞭解，以下就以寬廣的矩形斷面渠道爲例來討論。首將式（7-4）等號二側分別對 x 微分得：

$$\frac{dH_0}{dx} = \frac{dy}{dx} - \frac{q^2}{gy^3}\frac{dy}{dx} \tag{7-35}$$

將上式代入式（7-33）並加以整理後可得：

$$\frac{dy}{dx} = \frac{S_0 - S_f}{1 - q^2/gy^3} = \frac{S_0(1 - S_f/S_0)}{1 - \boldsymbol{F}^2} \tag{7-36}$$

由於 $\boldsymbol{F}^2 = q^2/gy^3 = (y_c/y)^3$，而且將曼寧公式分別應用於漸變流及均勻流可推得 $S_f/S_0 = (y_n/y)^{10/3}$，因此式（7-36）可以改寫成：

$$\frac{dy}{dx} = S_0\frac{1 - (y_n/y)^{10/3}}{1 - (y_c/y)^3} \tag{7-37}$$

　　就水面線變化趨勢的定性分析而言，主要重點在於水深的沿程變化率的正、負號；如果 $dy/dx > 0$，水深在水流方向漸增；反之，則漸減。顯然 dy/dx 的正、負號依 S_0 是正或負值以及 y_n/y 及 y_c/y 是大於或小於 1 而定。例如在 $S_0 > 0$ 及 $y > y_n > y_c$ 的情況下，式（7-37）右側的分子及分母均爲正值，因此 $dy/dx > 0$，表示水深必須沿流向增加。如圖 7.14 所示，若下游端因堰體迴水影響，其來流水深 y 甚大，則 y_n/y 及 y_c/y 均趨近於 0，而使分子及分母均趨近於 1；因此 dy/dx 趨近於 S_0，也就是說下游端的水面線以水平線爲其漸近線。相對而言，因爲在 $y \to y_n$ 時，式（7-37）中的 $dy/dx \to 0$，當然上游端遠處的水面線以均勻水深線爲漸近線。

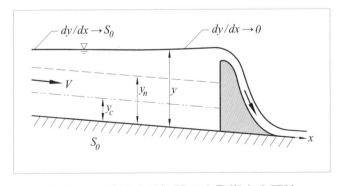

圖 7.14　明渠流受堰體迴水影響之水面線

3. 水面線分類

如果針對 S_0、y_c/y 及 y_n/y 三個參數正、負值的各種可能性作組合，然後用以上方式一一加以探討分析，結果就會有各種形狀的水面線出現。這些水面線可依底床坡度及水深的條件予以分類。就底床坡度而言，可分為：

(1) 陡坡（S）型：$S_0 > 0$，且 $y_n < y_c$；

(2) 臨界（C）型：$S_0 > 0$，且 $y_n = y_c$；

(3) 緩坡（M）型：$S_0 > 0$，且 $y_n > y_c$；

(4) 水平（H）型：$S_0 = 0$，且 $y_n \to \infty$；及

(5) 逆坡（A）型：$S_0 < 0$，且 $y_n \to \infty$。

就水深而言，可分為：

(6) 區域 1 號：$y > y_n$，且 $y > y_c$；

(7) 區域 2 號：$y > y_n$，且 $y < y_c$；或 $y < y_n$，且 $y > y_c$；及

(8) 區域 3 號：$y < y_n$，且 $y < y_c$

以上 5 個類型可分別與 3 個區域號組合，並賦予型號。例如 S1 型代表在陡坡（S 類）而且 $y > y$ 及 $y > y_c$（區域 1 號）條件下的水面線型號；其他型號可依此類推。按照這樣的組合原則，5 個渠床坡度類型配 3 個水深區域號碼應有 15 種可能的水面線型號。不過，因為 H 型及 A 型的均勻流正常水深 $y_n \to \infty$，$y > y_n$ 且 $y > y_c$ 的區域在物理上是不可能存在的，所以就沒有 A1 型號及 H1 型號的水面線。還有，C 型的均勻流正常水深 y_n 與臨界流水深 y_c 相等，不可能有 $y < y_n$ 且 $y > y_c$ 或 $y > y_n$ 且 $y < y_c$ 的區域存在，也就沒有 C2 型號的水面線。因此，從原有的 15 種可能組合扣掉 3 種不可能存在的水面線，結果就是 12 種可能的水面線，如圖 7.15 所示。圖中所示各型號水面線有下列三點值得注意：

(1) 在真正的漸變流情況下，水理上的陡坡實際上可能與水平線的夾角最多僅有數度而已。因此，水深沿鉛直方向或垂直於底床方向量測並無顯著差別。

(2) 當 $y \to y_c$ 或 $y \to 0$ 時，由式（7-37）可知 $dy/dx \to \infty$，表示加速度可忽略的假設條件已不適用，但因有顯著加速度的渠段甚短，故對整體水面線影響不明顯。

(3) 圖 7.15 所描繪水面線的沿程距離與水深並非等比例，亦即水深方向比例相對地放大甚多。其實若將水深縮回成同一比例，則變化幾乎難以辨認。

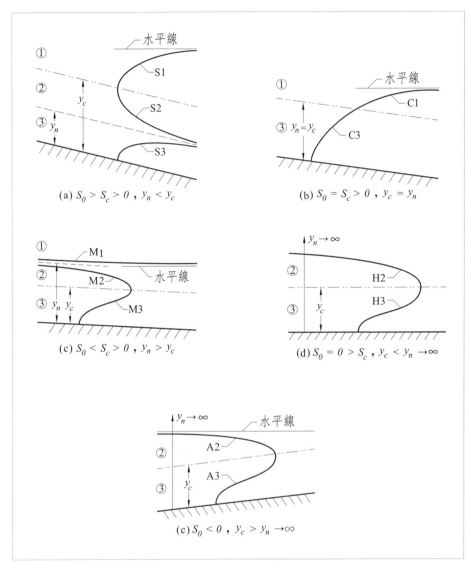

圖 7.15　十二種可能水面線之示意圖

4. 水面線演算

　　一般而言，水面線演算包括定性分析及定量計算兩部分，其基本原理及相關方程式已於上述各小節討論，以下就演算步驟綜合說明：

(1) 由給定的流量及渠道特性，計算均勻流正常水深 y_n 及臨界水深 y_c，並將 y_n 線及 y_c 線繪於預先設定比例尺的渠道縱剖面圖上。

(2) 在給定的流量條件下，推算各個控制斷面處（如進水口、堰埧、閘門、跌水、底床坡度變換點 … 等）之水深 y。同時，確認水面線的控制斷面位置，$y > y_c$ 者在下游；$y < y_c$ 者在上游。

(3) 將適當型號的水面線（見圖 7.15）描繪於渠道縱剖面圖中。如果在相鄰二控制斷面間水深須從 $y < y_c$ 變到 $y > y_c$，則顯示必須符合式（7-13）共軛水深的水躍發生在二者之間某個地點。

(4) 依式（7-34），以步推積分法計算沿程各個斷面的水深，並將結果繪入渠道縱剖面圖中，即成為水面線。

雖然以上所說明的演算步驟是以寬廣的矩形均勻渠道條件為基準，然而圖 7.15 所示各個型號的水面線在定性上也可以適用於非矩形斷面的均勻渠道，正常水深 y_n 仍可由曼寧公式或蔡希公式求得，而且 $V_c = \sqrt{gy_m}$，其中 y_m 為斷面平均水深，即斷面積除以水面寬度。實際上，由於步推積分法的推導並沒有限定渠道必須是均勻的，因此在定性上，這些型號的水面線仍可適用於非均勻的天然河川的情況，但是河道斷面形狀、河床坡度及邊界糙度等的沿程變化必須在演算式中給予適當的考量。

7.5 非恆定流

1. 控制方程式

本章前數節所討論的是以恆定明渠流為主，少數非恆定流亦經由移動座標處理轉換成恆定流。然而自然界有許多重要的水流現象都為非恆定流，而且是無法以移動座標轉換成恆定流的，因此仍需建立非恆定流的理論基礎，以利非恆定流問題的解析。雖然有少數簡化的非恆定流問題可用各種計算方法求得解答，但是絕大部份較複雜的非恆定流的解析是在電子計算機運算能量大幅提升之後，利用數值方法求解水流控制方程式才得以實現。

水流控制方程式基本上是由連續方程式及運動方程式所組成。就以連續原理來看，在寬廣渠道恆定流情況下，每一個斷面的單寬流量為定值，在相隔 Δx 的二斷面間 $\Delta q / \Delta x = 0$；而在非恆定流情況下，$\Delta q / \Delta x \neq 0$，因此在 Δx 區間渠段的水深必須上升或下降 Δy 以因應進出流量不平衡的事實。換言之，水深變化率 $\partial y / \partial t$ 與流量變化率 $\partial q / \partial x$ 之和必須為 0 以滿足質量守衡，即：

$$\frac{\partial y}{\partial t} + \frac{\partial q}{\partial x} = 0 \qquad\qquad （7\text{-}38）$$

雖然非恆定流的流速與水深都隨時間 t 與斷面位置 x 而變，亦即流場兼具時變加速度與位變加速度。由代表恆定非均勻流的式（7-33）來看，其中 $dH_0/dx = d(V^2/2g)/dx + dy/dx$，而 $d(V^2/2g)/dx$ 項即為位變加速度項，因此當考慮有時變加速度項 $\partial V/\partial t$ 時，非恆定明渠流運動方程式就成為：

$$\frac{\partial V}{\partial t} + V\frac{\partial V}{\partial x} + g\frac{\partial y}{\partial x} = g(S_0 - S_f) \qquad\qquad （7\text{-}39）$$

就理論而言，雖然式（7-38）及（7-39）可以完整描述非恆定明渠流，但因其為偏微方程式，而且 S_f 為 V 及 y 的函數，故一般並沒有解析解。因此，求解方式只有依賴數值方法，將微分方程式改成差分方程式近似之。差分方程式的求解方式有二種，其一為顯式法，另一為隱式法。顯式法是將差分式安排成可以運用在時間 t 已知各個 x 位置的 V、y 值去計算在時間 $t + \Delta t$ 各 x 位置的 V、y 值，但每一個位置分別單獨計算；如圖 7.16 所示，由時間 t 線上已知 V、y 值的點 1、2 及 3 去求解時間 $t + \Delta t$ 線上點 2′ 的 V、y 值。隱式法則是將差分式安排成運用由時間 t 線上已知 V、y 值的一群點，例如點 3、4、5、6 及 7 同時一口氣求解 $t + \Delta t$ 時間線上另一群點，3′、4′、5′、6′ 及 7′ 的 V、y 值。至於差分式的表示方式則因各種物理現象的特性而異，已超越本書的範疇。有興趣的讀者可參考各類有關數值解的專書。

不論顯式法或隱式法，將偏微分方程式化成差分式時必須將整個渠道分割成 N 個有限長度 Δx_i 的渠段，每個渠段都有代表連續與運動方程式的差分式，共有 $2N$ 個差分式，而且每個渠段兩端的斷面分別與其上、下游渠段共用，每個斷面上有 $t + \Delta t$ 時間待解的二個未知數 V（或 Q）及 y，合計 $N + 1$ 個斷面有 $2(N + 1)$ 個未知數，故需另加上最上游斷面與最下游斷面的邊界條件，使得差分式變成 $2(N + 1)$ 個，正好可以解得相同個數的未知數。

重要的非恆定明渠流現象包括：海域及海岸附近的波浪、河口及河道中潮汐的傳遞、閘門或電廠操作所引發的流況突變、河道中洪水波的傳遞 … 等。只要有適當的起始條件及邊界條件，這些非恆定明渠流都可以透過合適的差分式求得近似的數值解。

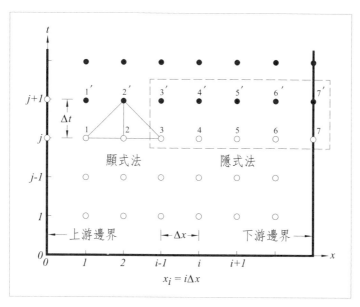

圖 7.16　在 *x-t* 平面上之差分格網布置及數值解方式示意圖

2. 洪水演算

　　由於洪水傳遞可能造成洪水災害而影響社會大眾的防災安全，長久以來水利工程師試圖運用各種方法計算、預測洪水波在傳遞過程中的流量及水位變化，稱為洪水演算。洪水演算作業若能在洪水波到達之前一段適當時間完成，則可提供資訊以因應防救災作業之需，這種提前完成洪水演算的作業稱為洪水預報。由於近一、二十年來大量利用電算機作數值解運算，使得洪水預報準確度的提升及預報時間的提早有了顯著的進步，因而以預報結果作為因應防救災對策的依據也就逐漸普遍。與其他的非恆定明渠流比較，洪水波在河道中往下游移動有它自己的特色，例如洪水波經過一測站（或斷面）時，其水位與流量的漲退速率要較閘門操作所引起的變化緩慢許多。因此到達下游位置的洪水波的波長變長、波峰變低，如圖 7.17 所示，這種洪峰降低的現象叫做洪峰衰減。從運動方程式來看，洪峰衰減的控制因素可能是阻力效應、滯蓄效應或減速度效應或兼而有之；滯蓄效應所需的空間可以是湖泊、水庫及河道本身等處。如果洪峰衰減是由某一特定因素所主導，則在理論上只要考慮該因素的作用而可將問題簡化許多。當洪水波經過一個大水庫時，顯然其主導因素為滯蓄效應，因而可使運動方程式簡化到不用電算機也可以進行洪水波的洪水演算。

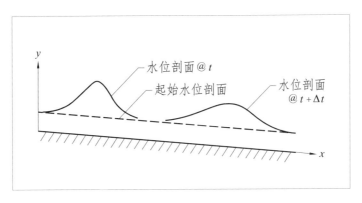

圖 7.17　洪水波往下游傳遞衰減示意圖

　　首先假設水庫是一個很大的水槽，如圖 7.18 所示，其底床為水平 $S_0 = 0$，寬度為 W，長度為 L，深度為 y；W 及 L 均甚大，y 則隨上游端斷面①的入流量 $I(t)$ 及下游斷面②的出流量 $Q(t)$ 而定。假設 $I(t)$ 為已知，而 $Q(t)$ 由緊鄰斷面②的孔口斷面③所控制；孔口直徑為 d，其中心點高程為 y_o。在這些條件下，水庫各個斷面的平均流速 $V \approx 0$，因而可得 $S_f \approx 0$，$y_2 \approx y_1$ 及 $\partial V / \partial x \approx 0$ 的結果。

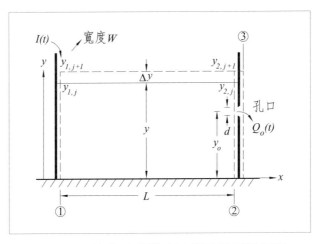

圖 7.18　簡化水庫洪水演算差分格網布置

　　從連續方程式的角度來看，若將式（7-38）乘以水庫寬度 W，則可將其改寫成：

$$\frac{\partial A}{\partial t} + \frac{\partial Q}{\partial x} = 0 \qquad\qquad (7\text{-}40)$$

上式中 $A = Wy$；$Q = Wq$。在斷面①與斷面②之間，式（7-40）可以差分式近似之，並寫成：

$$y_{2,j+1} + \frac{\Delta t}{2A_s}Q_{2,j+1} = y_{2,j} - \frac{\Delta t}{2A_s}Q_{2,j} + \frac{\Delta t}{2A_s}(I_{j+1} + I_j) \qquad (7\text{-}41)$$

其中 $A_s = WL$ 爲水庫水面面積；I_{j+1} 及 I_j 分別爲 $t + \Delta t$ 及 t 時間在斷面①的入流量。由於水庫水面幾近水平，上式直接採用 $y_{2,j+1}$ 及 $y_{2,j}$，分別代表 $t + \Delta t$ 及 t 時間的水庫水面高程。

　　運動方程式變成 $\partial(y + V^2/2g)/\partial x = 0$，即 $y + V^2/2g = C(t)$。由於水庫中 $V \approx 0$ 且孔口中心點高程爲 y_o，故孔口流速 $V_o = \sqrt{2g(y - y_o)}$，其中 $y - y_o$ 爲孔口上方水頭。換言之，在斷面②與斷面③之間，運動方程式簡化成孔口流量公式 $Q_o = K\sqrt{2g(y - y_o)}$，其中 $K = C_d(\pi d^2/4)$；C_d 爲流量係數，隨 $(y - y_o)/d$ 而變。爲配合上式差分化的連續方程式求得數值解，故將孔口流公式改寫成：

$$Q_0 = Q_{2,j+1} = K\sqrt{2g(y_{2,j+1} - y_o)} \qquad\qquad (7\text{-}42)$$

　　上式與式（7-41）聯立可以求解 $Q_{2,j+1}$ 及 $y_{2,j+1}$。換言之，在時間 $t + \Delta t$ 時斷面②的流量及水深可根據 t 時間的水深、出流量和入流量，以及 $t + \Delta t$ 時間的入流量等條件而求得；在 $x\text{-}t$ 平面的格網上，一次只求得 $(2, j+1)$ 這一點的 Q 及 y 值；這就是前面所說的顯示法。圖 7.19 所示爲一已知入流歷線 $I(t)$ 經由上述程序作洪水演算之後所得到的出流歷線 $Q(t)$。由圖可以看出兩條歷線交叉點之前 $I(t)$ > $Q(t)$，兩歷線之間所夾面積 ABCA 代表暫時滯蓄於水庫中的水量；同理，交叉點之後歷線之間所夾面積 CDEC 則代表由水庫釋放出來的滯蓄水量。如此即可降低下游河道的洪峰量，如圖 7.19 所示點 B 的 $I(t)$ 降至點 C 的 $Q(t)$。

　　上述簡化水庫洪水演算的區域共有三個斷面二個區段；每個斷面都有 V（或 Q）及 y 兩個未知數，合計共有六個未知數；每個區段各有代表連續及運動方程式的差分式，共有四個差分式，再加上游端入流量 $I(t)$ 爲已知及下游端之孔口流公式 $Q_o = K\sqrt{2g(y - y_o)}$。合計構成六個關係式，故正好可以解得六個未知數。事實上，因爲水庫容量相對很大，所以第一區段的運動方程式簡化

到變成 $y_2 = y_1$，而連續方程式變成式（7-41）；第二區段的運動方程式簡化成為 $V_o = \sqrt{2g(y - y_o)}$，而連續方程式變成 $Q_{2,j+1} = Q_o$。

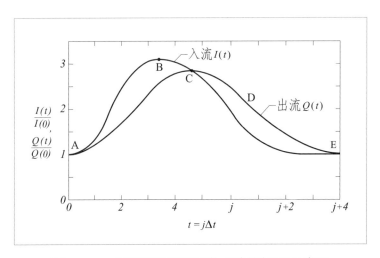

圖 7.19　水庫滯蓄效應之洪水演算結果示意圖

　　如果洪水波在一般河道中傳遞，則上述簡化的運動方程式當然就不能適用，而必須作較細的分段差分，每多一處差分點就多二個（含邊界條件）待解未知數及二個差分式。依此類推，結果仍然是未知數的個數與差分式的個數相同，可以求得數值解；這與前述的原則符合。

第八章 流力機械

8.1 側向推力基本原理

1. 非旋流場中圓柱體之側向推力

　　非旋流流場中圓柱體的側向推力可由無黏性的均勻來流與自由渦流的組合來呈現。首先，在流速爲 v_0 的均勻流場中布置一直徑爲 D 的長圓柱體，令其中心軸與來流方向成正交。因來流爲無黏性的非旋流，故在柱體周圍附近的流線形態爲左右對稱而且上下對稱，如圖 8.1 所示。在此情況下，由柏努利定理可知柱體表面的壓力分布亦同樣是左右對稱且上下對稱；因此來流方向（縱向）的合力及其法線方向（側向）的合力分別爲 0。換句話說，整個圓柱體既無縱向拖曳力亦無側向推力。

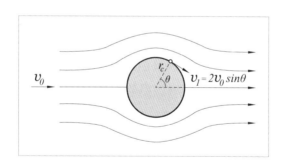

圖 8.1　均勻非旋流經圓柱體之流場

　　其次，如第一章所述自由渦流的流場，除圓心點（$r = 0$）之外，到處均爲非旋流，因此將圓柱體所佔的空間部位去除後的流場當然亦爲非旋流，如圖 8.2 所示順時鐘方向的渦流。將圖 8.1 及圖 8.2 的流場疊加可以得一個新的組合流場，如圖 8.3 所示；從圖中可以看出流線仍然左右對稱，但由於自由渦流的流向爲順時鐘方向，造成組合流場的流線呈現上密下疏的不對稱形態，以致柱體表面的側向推力不爲 0，但縱向拖曳力仍爲 0 的結果。

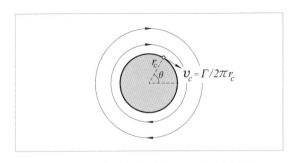

圖 8.2　自由渦流繞圓柱體之流場

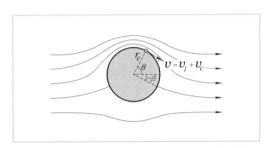

圖 8.3　均勻流與自由渦流之組合流場

　　上述二個流場疊加後任一點流速可由二者個別流場的流速向量和求得。經由圓柱體周圍非旋流流場的數學分析可以得到柱體表面的切線方向流速為 $2\upsilon_0 sin\theta$；而自由渦流在半徑為 r_c ($= D/2$) 的柱體表面流速為 $\upsilon_c = \Gamma/2\pi\,r_c$，其中 Γ 為環流量。因此，兩者的合速度為：

$$\upsilon = 2\upsilon_0 sin\theta + \upsilon_c \qquad (8-1)$$

　　顯然地，這樣的柱體表面任一點的合速度與原流經柱體周遭非旋流為上下對稱且左右對稱的流速有相當大的差異，其差異程度將視環流量 Γ 及該點的座標位置而定。由於 Γ 為順時鐘方向，因而導致圓柱體上方部位的流速增加，下方部位者減少。

　　由圖 8.3 可知，流線間隔的變化致使柱體表面上原有的兩個滯點發生位移，其位置可設定 $\upsilon = 0$ 為條件而由式（8-1）求得：

$$\theta = sin^{-1}\left(-\frac{1}{2}\frac{\upsilon_c}{\upsilon_0}\right) = 180° + \beta \text{，或} 360° - \beta \qquad (8-2)$$

由上述關係可知，當 $\upsilon_c = \upsilon_0$ 時，$\beta = 30°$；當 $\upsilon_c = 2\upsilon_0$ 時，$\beta = 90°$；環流量 Γ 如

果繼續增加（亦即 v_c 增加），滯點就會離開圓柱體表面，而在其下方流場中出現，結果使整個柱體附近的流線都繞著同一個方向（順時鐘）打轉。

只要整個流場的流線形態是左右對稱的，則壓力分布也會同樣是左右對稱的。這就導致一個結論：在非旋流情況下，不論環流量有多大，縱向拖曳力仍然為 0；但在另一方面，由於上方部位流速增加使壓力減小，而且對應的下方流速減小使壓力增加，結果就是環流作用產生了一個往上的側向推力。作用在長度為 L 的圓柱體上的側向推力 F_L 可由其表面壓力的側向分量積分而求得：

$$F_L = L\int_0^{2\pi}\Delta p\ sin\theta\ r_c d\theta = \rho v_0 \Gamma L \tag{8-3}$$

依柏努利原理，式中 $\Delta p = \rho(v^2 - v_0^2)/2$。上式表明：如果在物理上確實可以產生前述圓柱體周圍的二種流場，則作用於其上的側向推力是與流體密度、流速、環流量及柱體長度成正比。

2. 旋轉柱體之側向推力

事實上，設法使圓柱體對其中心軸旋轉時，由於柱體表面帶動周圍黏性流體跟著運動，所產生流場與前述自由渦流的流場相近。雖然透過黏剪力的作用可以讓遠處的流體也引發一些環流量，但因黏性效應會消耗部份能量，故 Γ 必然沿著徑向漸漸減小，而不像自由渦流那樣的 Γ 為定值。然而，使均勻流場中的水平柱體旋轉，的確會產生相當可觀的側向推力 F_L，一般稱為升力。這個現象是由德國科學家**馬格努斯**（G. Magnus）於十九世紀首先注意到的，所以稱為馬格努斯效應。

馬格努斯效應所產生的 F_L 大小顯然會是流體密度 ρ、來流速度 v_0 及柱體表面旋轉切線速度（$v_c = r_c\omega$）的函數。在此種情況下，於長度為 L、直徑為 D 的柱體上所產生的升力 F_L 與上述各變數的關係可表成：

$$F_L = C_L LD\frac{\rho v_0^2}{2} \tag{8-4}$$

其中 C_L 稱為升力係數，與柱體表面所產生之環流量及黏剪力有關，因此會隨 R 而變；當 R 值甚大時，可預期黏性效應對 C_L 的影響將如同對 C_D 一樣趨於一極限值。此一升力關係式與第四章所述拖曳力關係式類似，升力係數 C_L 值須由試驗決定，其與 v_c / v_0 的函數關係的試驗結果如圖 8.4 所示。將前述自由渦流情況下的式（8-3）改寫成式（8-4）的型式可以發現升力係數為：

$$C_L = 2\pi \frac{v_c}{v_0} \qquad (8\text{-}5)$$

將式（8-5）的 $C_L \sim v_c / v_0$ 關係亦繪於圖 8.4 中，以便與試驗結果作比較；從圖中可以清楚地看到，旋轉圓柱體的 C_L 值大約在 $v_c / v_0 = 4$ 附近達到最大值。試驗觀察結果指出，此時滯點離開了柱體表面；而在自由渦流情況下，如前所述滯點離開柱體表面的條件為 $v_c / v_0 = 2$。由此可以了解，用旋轉圓柱體帶動周圍流體運動所產生環流的效率比自由渦流者相差甚多。

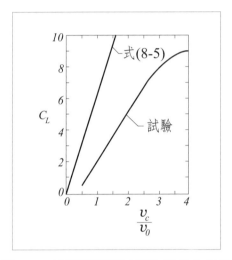

圖 8.4　流經旋轉圓柱體之側推力係數

　　雖然以上這二種不同的環流對流場以及升力的影響有不少的差異，但是二者對於確認可產生側向推力或升力的原理卻是一致的。這樣的原理對於以下各節有關翼剖面升力現象的討論就奠定了穩固的基礎。

　　至於旋轉投出的棒球或拋射體之軌跡偏離正常拋射軌跡的現象，可以說是馬格努斯效應的進一步證明。

8.2 翼剖面之升力與拖曳力

1. 傾斜平板周圍環流量與升力

　　當非旋流流經一塊平板時，如果板面與來流方向平行，則流場爲一組等距平行於板面的流線所組成；相反地，如果平板與來流方向有一傾斜角（稱爲攻角），則其流場形態爲板面上方與下方各有一個滯點，如圖 8.5(a) 所示，與圖 8.1 圓柱體前方與後方的滯點相對應。如之前所述，後者之流場形態是對稱的，所以作用在圓柱上的合力爲 0；然而流經傾斜平板的流場並非對稱，雖其合力仍然爲 0，但因二個滯點偏心的結果卻形成對平板中心點旋轉的力偶。此時若疊加一定值的環流量，如圖 8.5(b) 所示，則上方的滯點就會依順時鐘方向下游移動；這現象是相當的於圓柱體周圍表面後方滯點的移動，就如同圖 8.3 所示者。選擇適當的環流量，可使原來在傾斜平板上方的滯點剛好移至其尾端，如圖 8.5(c)，並使板面下方仍維持一個滯點，且流線正好順著平板面的方向離開尾端。這就如同圓柱體的情形一樣，平板下表面的壓力升高與上表面的壓力降低，因而產生了側向推力。事實上，側向推力也可以同樣用式（8-3）來計算，而使其下方流線順著板面方向離開尾端所需的環流量爲：

$$\Gamma = \pi c_r v_0 \sin\alpha \qquad (8\text{-}6)$$

上式中 c_r 爲平板的寬度或稱爲弦長；α_0 爲平板相對於來流方向的傾斜角，亦即攻角，如圖 8.5(a) 所示。

　　如前所述，近似於非旋流形態的環流是可以設法由圓柱體對其中心軸旋轉帶動周圍的黏性流體而產生，但對於平板而言這顯然是無法做到的。不過，自然眞是非常地巧妙，黏剪力再次提供了不同形式的必要效應；黏性效應使平板面附近的邊界層底部流速爲 0，因此當上方板面附近流速往下游方向漸減，如圖 8.5(c)流線間隔變化所示，至近尾端處形成幾乎停滯的低速區；然而下方板面附近的流速卻沿著下游方向漸增，至尾端處與上方的低速區匯合而形成相當強的剪力層，因而在尾跡區產生一個反時鐘方向的環流。由於來流爲均勻流，因此在不受平板影響的甚遠處圈繪一包圍平板及尾跡區在內的封閉曲線，其環流量必爲 0；而尾跡區環流量不爲 0，故圍繞著平板附近區域必有一順時鐘方向的環流量以平衡尾跡區反時鐘方向的環流量。這個結果也可以這樣來看：平板上表面與下表面因流場不對稱使得邊界層發展不對稱，其上、下表面的渦度分布亦不對稱，因此環繞板面對渦度作線積分結果不為 0，也就是環流量不為 0。在平板上方壓力小、下方壓力大的情況下，當然結果就有側向的合力產生。如果來流為水平方向，則此一側向合力即為升力。將式（8-6）代入式（8-3）求得 F_L 後，再代入式（8-4）可得升力係數為：

$$C_L = 2\pi \, sin\alpha_0 \qquad (8\text{-}7)$$

以上所述現象可以解釋風箏為何能逆風上升的道理。

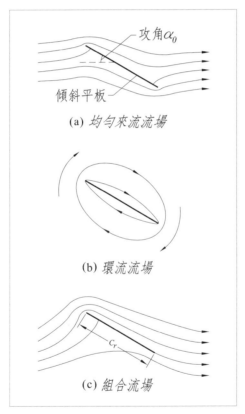

圖 8.5　均勻來流及環流經傾斜板之組合流場

2. 焦可斯基翼剖面之升力與拖曳力

　　就傾斜平板而言，雖然黏性流體在尾端處的流況與加上環流量的非旋流流況相當近似，但其尖銳的首端卻會產生邊界層流離現象，而導致沿著平板上方的流況嚴重偏離非旋流的流場形態。為解決這個問題可以將尖銳的平板首端修改成圓順形的首端，並且將其厚度朝下游方向漸漸變薄。這種由平板變形而來的剖面與鳥類翅膀的剖面形狀類似，故稱為翼剖面。為了更進一步降低在 R 不很大時發生流離現象的趨勢，可將翼剖面略加修飾使其具有一彎度。流經具有彎度的翼剖面之非旋流流場可由圖 8.6(a) 之均勻來流疊加圖 8.6(b) 之環流而成，結果如圖 8.6(c) 所示。因為這種翼剖面流場的數學分析早在二十世紀初由俄羅斯科學家**焦可斯基**（N. Joukowsky）所發展，故以其名字命名。前述式（8-3）與式（8-6）也是由他所推導出來的，圓柱體及斜平板可以說是焦可斯基翼剖面兩種不同的極限狀態。

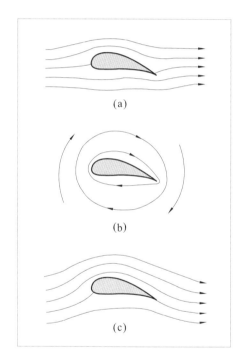

圖 8.6　均勻來流及環流經翼剖面之組合流場

　　事實上，斜平板及翼剖面在黏性流體中必然同時受到表面拖曳力及體形拖曳力的作用，其拖曳力係數 C_D 仍可沿用式（4-48）之定義；而且其升力係數 C_L 可採用式（8-4）的定義；二者的受力面積則改由翼跨度 L 及翼弦長 c, 分別代替圓柱體長度 L 及直徑 D。任一種翼剖面的拖曳力係數及升力係數均須由試驗決定。圖 8.7 所示為跨度甚長的焦可斯基翼剖面試驗結果。此處必須注意原為連結翼剖面尾端與首端所定義的攻角 α_0 則改由連結翼剖面尾端與首端下方邊界切線的傾斜角 α（見圖 8.7 中之插圖）來替代爲攻角；此一 α 角在試驗中是較容易量測的。從圖中的二條 C_L 曲線比較可以看出焦可斯基翼剖面的 C_L 理論值與試驗值相對接近；而與圖 8.4 相較可知圓柱體的 C_L 理論值與試驗值差異相對較大。顯然焦可斯基翼剖面尾端所引致之周圍環流量相當接近非旋流理論值。不過，即使是最佳形狀的翼剖面，當攻角 α 增加到一定程度之後，首端附近的流離現象終究還是會發生的，因而導致環流量及升力驟降，這種現象稱爲失托（stall）。一旦發生失托，飛行體就會突然間失去控制。同時，由於翼剖面上方流離現象使得阻力驟增，而致飛行速度驟減，故失托亦稱作失速。試驗 C_D 值亦示於圖 8.7；顯然翼剖面的流線形化，使其 C_D 值較圓柱體者低甚多。

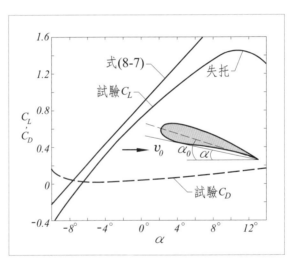

圖 8.7　典型翼剖面之昇力及拖曳力係數〔6〕

3. 有限翼跨度引致之拖曳力

　　焦可斯基翼剖面可以有各種不同的厚度及彎度，因而各有其升力與阻力特性。由於各種實務上不同的需求，實際機翼設計往往偏離焦可斯基翼剖面，例如有些要求高起飛升力、低降落速度、高攻角、效率隨攻角緩慢變化等。當然，沒有一種翼剖面能夠同時滿足這些不同的要求，因此機翼必須依照個別的特殊需要作設計。

　　由於流經有限翼跨度的流場為三維而非二維流場，使得機翼設計變為複雜。因為翼剖面下方的壓力較周圍大氣壓高，而上方較低，所以在翼剖面下方及上方的壓差作用之下，機翼跨度末端附近就產生下方向外、上方向內的側向流速分量，如圖 8.8 所示，而形成一道翼末端渦流系延伸到機翼後方的尾跡區，導致流場鉛直方向流速分量增加，使機翼與大氣之間的相對速度也有了鉛直方向的分量 V_z，如圖 8.9 所示，稱為下洗（down wash）現象。因此，相對速度與機翼本身的絕對速度並不相同。

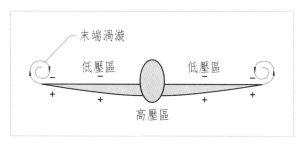

圖 8.8　機翼跨度末端形成之渦流

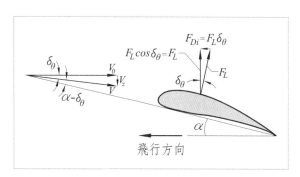

圖 8.9　機翼末端渦流下洗流速引致阻力

　　由圖 8.9 可以看出下洗現象必然減低有效攻角。換言之，因為攻角 α 是以水平線為基準（假設飛行方向為水平），所以水平流速 V_0 與下洗流速 V_z 之合速度會與水平方向之間有一個小夾角 δ_θ。由於升力的定義仍然是以鉛直方向為基準，因此無下洗現象的 F_L 分解成鉛直分量 $F_L cos\delta_\theta$ 及水平分量 $F_L sin\delta_\theta$。在一般情況下 δ_θ 甚小，故真正升力 $F_L sin\delta \approx F_L$，而水平分力成為額外的阻力 $F_{Di} = F_L sin\delta_\theta \approx F_L \delta_\theta$。此處 F_{Di} 是由於下洗效應而導致的。這也就是說，在機翼的表面阻力之外，由於機翼跨度末端渦流下洗作用而引致的額外阻力，所以又稱之為引致阻力。引致阻力係數可定義為：

$$C_{Di} = \frac{F_{Di}}{Lc_r \rho V_0^2 / 2} = \frac{F_L \delta_\theta}{Lc_r \rho V_0^2 / 2} = C_L \delta_\theta \qquad (8\text{-}8)$$

由上式可知 C_{Di} 決定於 C_L 及 δ_θ，在翼剖面幾何形狀給定的情況下 C_L 為已知，但 δ_θ 卻隨翼剖面的上、下表面壓差而異；上、下表面壓差則隨翼剖面之環流量增加而增加；也就是環流量大者，機翼末端之渦流強度高，因而 C_{Di} 較大。普朗特理論分析及試驗結果顯示 $\delta_\theta = C_L/(\pi L / c_r)$。

8.3 螺旋槳

1. 螺旋槳葉片受力分析

前述升力原理除可直接應用於機翼設計，以提供支撐飛機重量所需要的升力之外，亦可應用於流力機械，例如風車、電風扇、螺旋槳 … 等的葉片旋轉運動之分析與設計。雖然機械葉片的旋轉運動使得這些流場的細部分析相對複雜，不過它們的基本原理都一樣。

舉例來說，一個典型的螺旋槳葉片，如圖 8.10(a) 及 (b) 所示，在流體中以一個角速度 ω 旋轉且以 V_0 的速度前進。在離旋轉軸心 r 的位置將葉片切一橫斷面來看，假設遠處未受干擾的流體為靜止，則該斷面的速度為切線速度 $V_t = r\omega$ 及前進速度 V_0 之向量和，如圖 8.10(c) 所示。在此位置的葉片幾何俯仰角為 $\phi + \alpha$ 與其前進俯仰角 ϕ 之關係正如整個螺旋槳幾何俯仰距與前進俯仰距（亦稱有效俯仰距）的關係，由圖可知前進俯仰距為 $2\pi V_0 / \omega$，亦即當葉片旋轉一週時所對應的軸向前進距離。

螺旋槳前進時所產生的流場為非恆定流場，為分析方便起見，可在全流場疊加一恆定反向流速 $-V$，使在 r 處的葉片斷面變成如前述的固定翼剖面，來流 V 以攻角 α 流向該翼剖面。因此一小段葉片 dr 上的流體作用力 dF 為升力 dF_L 及阻力 dF_D 所組成。不過就實際應用而言，dF 應分解成軸向的推進力分量 dF_a 及形成轉動的切向力分量 dF_t 較為方便，如圖 8.11 所示。

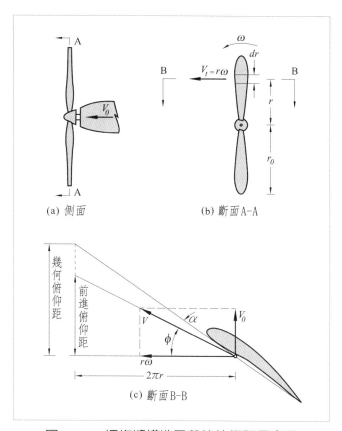

圖 8.10 螺旋槳構造及葉片俯仰距示意圖

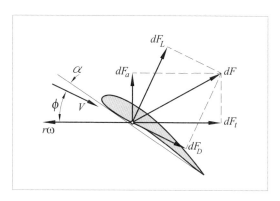

圖 8.11 螺旋槳葉片受力之軸向與切向分量

2. 螺旋槳之性能

就如同單純的翼剖面，螺旋槳葉片任一斷面的受力隨其斷面形狀及攻角而異；由於升力分量對於推進力及扭矩都有一定關係，所以葉片的受力亦與該斷面的幾何俯仰角有關。另外，來流攻角與葉片的幾何俯仰角及前進俯仰角有關，而後者必須隨著距軸心之徑向位置而變。因此，若要整個葉片達到高效率，即推進力對扭矩的比值要高，則幾何俯仰角以及葉片斷面形狀必須隨著離軸心的位置 r 而變。換言之，葉片表面必須成為一扭曲面，而且愈接近軸心愈厚，以滿足結構安全的需求。因此採用名目俯仰距來代表整個葉片的特性，一般是以葉片 2/3 半徑處的幾何俯仰距為名目俯仰距。

相對於結構安全上的考量而言，在軸心附近的推進力對扭矩比值的重要性是較低的；由於此處的切線速度相當低，所以即使葉片的斷面形狀偏離理想條件較多，也還不致於導致嚴重後果。另外，在葉片末端會有類似機翼末端下洗效應的渦流出現。飛機螺旋槳葉片末端的速度如果接近聲速就很可能引起可觀的空氣密度變化而導致效率大幅降低。在輪船上的螺旋槳葉片，若其背面的壓力降低過多，則可能導致嚴重的穴蝕。總之，一個適當的螺旋槳設計必須就葉片每小一段的作用力特性加以仔細分析，然後整體的推進力及扭矩可以由每一小段的作用力的分量積分而求得。

就實務上而言，一個螺旋槳設計是否可以被接受必須經過模型試驗加以驗證；模型試驗可以在風洞或水洞中執行。試驗結果的好壞通常是以無因次參數，如推進力係數、功率係數及效率來作評價；前二者是相當於評價有關翼剖面設計好壞的升力係數與阻力係數。這些無因次參數均可表成葉片末端的軸向分速度對切線分速度比值的函數。為了方便起見，標準的做法是採用：每秒鐘的轉數 N 替代角速度 ω、螺旋槳的直徑 D 替代葉片末端半徑、以及 D^2 替代葉片實際表面積或投影面積；ND 代表流體通過螺旋槳前後的流速變化，$\rho N^2 D^4$ 代表對應的動量通量變化。因此，推進力係數 C_a 可以定義為螺旋槳的軸向推進力 F_a 與代表流場動量通變化的參數 $\rho N^2 D^4$ 的比值，即：

$$C_a = \frac{F_a}{\rho N^2 D^4} \qquad (8\text{-}9)$$

同理，功率係數可以定義為螺旋槳的輸入功率 P_{in} 與代表流場能量通量變化的參數 $\rho N^3 D^5$ 的比值，即：

$$C_P = \frac{P_{in}}{\rho N^3 D^5} \tag{8-10}$$

效率 η_p 爲輸出功率 $F_a V_0$ 對輸入功率 P_{in} 的比值，因而可以由 C_a 及 C_p 的定義所構成的參數表示之，即：

$$\eta_p = \frac{F_a V_0}{P_{in}} = \frac{C_a}{C_p} \frac{V_0}{ND} \tag{8-11}$$

由於 $N = \omega/2\pi$，參數 V_0/N 就是前進俯仰距；其值除以 D 之後變成基本參數 $V_0/(ND)$，叫做前進俯仰距對直徑比。圖 8.12 所示爲一典型的螺旋槳試驗結果，將 C_a、C_p 及 η_p 表成 $V_0/(ND)$ 的函數關係，稱爲性能曲線。這些性能曲線在 $V_0/(ND)$ = 0 時與縱軸的交點相當於飛機或輪船正處於剛要起步的狀態，也就是螺旋槳前進速度 $V_0 = 0$；在此情況下，C_a 達到最大值。然而因 $V_0 = 0$，輸出功率 $F_a V_0 = 0$，所以 $\eta_p = 0$（固定不動電風扇的輸出功率於下一節另外定義）。在圖中 C_a 曲線與橫

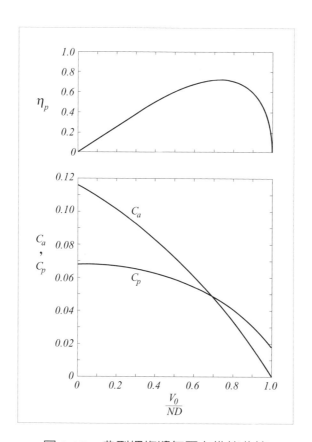

圖 8.12　典型螺旋槳無因次性能曲線

座標軸交點處 $C_a = 0$，表示葉片是在推進力為 0 的狀態，亦即無功率輸出，但仍有功率輸入葉片以克服流體相對運動的阻力，所以 $\eta_p = 0$。

螺旋槳的作用是機械推動流體，而風車及水輪機則是流體推動機械，因此其軸向推力 F_a 變成負值，葉片彎曲方向必須相反。推進力係數 C_a 及功率係數 C_p 仍可採用式（8-9）及（8-10）之定義，但式（8-10）之 P_{in} 須換成輸出功率 P_{out}。對螺旋槳式風車及水輪機的運轉而言，螺旋槳葉片切向分力所產生的扭矩 T_M 更具意義，故比照推力係數，定義扭矩係數 C_M 為：

$$C_M = \frac{T_M}{\rho N^2 D^5} \qquad (8\text{-}12)$$

流體輸入風車或水輪機的功率 $F_a V_0$，其中 V_0 為來流流速；而此一輸入功率亦就是流體對機械作用的扭矩 T_M 與機械旋轉角速度 $\omega = 2\pi N$ 的乘積，即 $F_a V_0 = 2\pi N T$。因此，由式（8-9）及（8-12）可得 $C_a = 2\pi C_M ND/V_0$。

效率 η_T 為輸出功率 P_{out} 對輸入功率 $F_a V_0$ 的比值，因而可以由 C_a 及 C_p 的定義所構成的參數表示之，即：

$$\eta_T = \frac{C_p}{C_a}\frac{ND}{V_0} = \frac{1}{2\pi}\frac{C_p}{C_M} \qquad (8\text{-}13)$$

參數 ND/V_0 叫做直徑對前進俯仰距比。圖 8.13 所示為一典型的螺旋槳式風車試驗結果，將 C_M、C_p 及 η_T 表成 ND/V_0 的函數關係，即性能曲線。這組性能曲線在 $ND/V_0 = 0.7$ 時達到最大值。然而在 $V_0 = 0$ 時，輸入功率 $F_a V_0 = 0$，就沒功率輸出，所以 $\eta_T = 0$；在 $ND/V_0 = 1$ 時，表示作用於葉片上的切向分力為 0 的狀態，就沒有扭矩，也沒有功率輸出，故 $\eta_T = 0$。

介於上述兩處 $\eta_T = 0$ 之間，在中間偏右部位效率 η_T 達到最大值，亦即在最佳的運轉狀態。在 η_T 最大的位置，螺旋槳葉片的前進俯仰距略小於幾何俯仰距，亦就是流體不完全沿著葉片下表面方向作相對運動（亦即攻角不為 0），這種現象稱為葉片溜移（slip of blade）。特別值得一提的是：有些設計採用可調式葉片來控制溜移現象，因而可在較大的運轉範圍內調整攻角，以維持較高的效率。

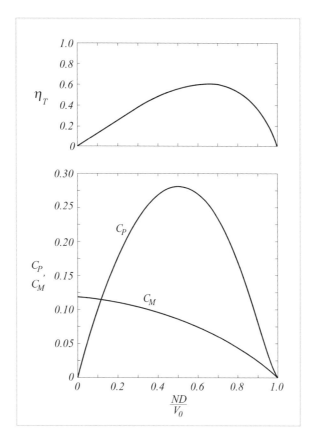

圖 8.13　典型螺旋槳式水輪機之無因次性能曲線

8.4 螺旋槳式流力機械之一維分析

　　雖然以上所討論的是著重於在大氣或水體中移動的推進航行器，但其原理基本上亦可以應用在固定位置的電風扇及風車。就這個關聯而言，用於螺旋槳相關問題的一維分析方法特別有其價值。不過，在這裡先要對所謂的滑動流路（slip-stream）的概念作簡要的介紹。由於螺旋槳下游附近部位的流體運動主要是在旋轉葉片末端渦漩系所包圍的區域內，因此可將其視同一個流線管，而上游部位的來流進入螺旋槳區域亦視為一流線管。將二者連結就成為一條包含螺旋槳在內的流線管；因其有別於一般管道爲非滑動邊界，故稱爲滑動流路 [1]，如圖 8.14(a)。整體而言，作用於葉片上的切向分力 F_t 會使整個滑動流路產生旋轉運動。同時，軸向分力 F_a 會改變軸向的流體速度。

就以速度 V_0 前進的螺旋槳來看，流場疊加一個向右的流速 V_0 後，滑動流路中的來流流速爲 V_0，而下游流速成爲 $V_0 + \Delta V$，其滑動流路直徑變得比螺旋槳直徑 D 小。相反地，來流的直徑就要大於 D。基於動量原理，流速增量 ΔV、流量 Q 與推進力 F_a 之間的關係可以表成：

$$F_a = \rho Q \Delta V \qquad\qquad (8\text{-}14)$$

上游來流在接近螺旋槳時，因滑動流路的流線朝向葉片直徑 D 束縮，而使流速增加 ΔV_1，如圖 8.14(b)，但尚未接受到螺旋槳的輸入功率，所以壓力必須降

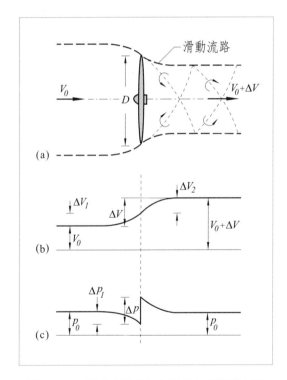

圖 8.14　螺旋槳附近之滑動流路及流況

---

[1] 在此一滑動流路概念下的流線管僅適用於螺旋槳、風車、風扇等流力機械上、下游短距離內的流速與壓力變化的課題。事實上，由於剪力層的作用滑動流路是會往下游方向擴大，而非固定爲 D，故不宜將滑動流路的流線管當作一般管道，作無限延伸。

低為 $p-\Delta p_1$；當流體進入葉片旋轉範圍內時，推進力對流體作功，使得流速再增加 ΔV_2，同時壓力增加到 $p_0 + \Delta p$，如圖 8.14(c) 所示。假設 $\Delta V_1 = \Delta V_2 = \Delta V/2$，則通過螺旋槳的流量為：

$$Q = \frac{\pi}{4} D \left(V_0 + \frac{1}{2} \Delta V \right) \tag{8-15}$$

將式（8-15）代入式（8-14），可求得：

$$\Delta V = - V_0 + \sqrt{V_0^2 + \frac{8F_a}{\rho \pi D^2}} \tag{8-16}$$

上式表明當螺旋槳以推進力 F_a 對流體作功，並以速度 V_0 前進時，其後方流體的相對速度為 $V = V_0 + \Delta V$。

　　至於在固定位置的電風扇，其前進速度 $V_0 = 0$，來流由四面八方匯流經風扇葉片作功後進到下游的滑動流路範圍內，如圖 8.15 所示。就風扇而言，$V_0 = 0$，$V = \Delta V \sim \sqrt{F_a}$；其效率定義為風扇下游滑動流路之輸出功率（亦即動能通量）與風扇輸入功率之比值 $\eta_p = \rho Q V^2 / 2 / P_{in}$。

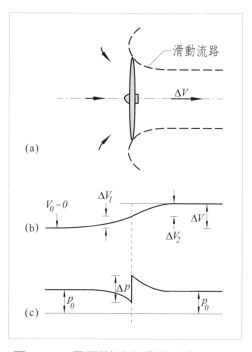

圖 8.15　風扇附近之滑動流路及流況

　　風車的作用正好與螺旋槳相反，來流對風車葉片作功，其緊鄰上游斷面的壓力較大氣壓高，而緊鄰下游斷面者則較大氣壓低，因此滑動流路範圍在下游的斷面須較大，如圖 8.16 所示。對風車而言，式（8-16）一樣可以適用，其來流流速為 V_0，F_a 為負值，因此 ΔV 亦為負值。這就和風車下游滑動流路範圍較大的結果相吻合。螺旋槳式水輪機的處理方式與風車相同。

　　在應用一維分析法作分析時，忽略了葉片表面阻力及其尾跡區環流的能量可能導致分析結果有可觀的誤差。滑動流路中環流的能量可用更精確的方法作分析，但它畢竟是代表一部分的能量損失，因此在風扇或抽風機葉片下游部位裝置整流用的固定導翼可以大幅降低能量的損失。同時，在葉片周圍裝置短套管可消減大部分的葉片末端渦流及其所引致之阻力，且可免除滑動流路的直徑變化，而使得效率可以提升。事實上，這樣的處理已經在實務應用上變成加設管道的風扇、抽水機或水輪機。

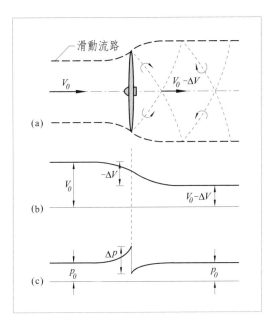

圖 8.16　風車附近之滑動流路及流況

8.5 抽水機與水輪機

1. 軸流式機械

軸流式機械包括管道型的風扇、螺旋槳式抽水機及水輪機。如前節所述,它們基本上與開放型的螺旋槳、風扇及風車的差別在於加裝了一定長度的圓筒型套管,以使其上游部位及下游部位分別形成均勻流。此類機組一般都包括喇叭型入口及導翼裝置,前者可以避免不必要的流路束縮,後者則可以降低滑動流路的環流。簡言之,上一節所呈現的分析方法同樣可應用於軸流式機械。

軸流式抽水機的布置如圖 8.17 所示,一般的習慣是將其水頭 ΔH、馬力 P 及效率 η_p 表成容量 Q 的函數,並繪成無因次性能曲線圖。因此,任一種特定機型設計的機組無因次性能曲線就與該機組尺寸及流體密度無關。為了實務應用上方便,前述螺旋槳的推進力係數定義中之 F_a 可用 $\gamma A \Delta H$ 來代替,而且 $A \sim D^2$,故 C_a 可改由水頭係數 C_H 來替代,即:

$$C_H = \frac{\gamma D^2 \Delta H}{\rho N^2 D^4} = \frac{g \Delta H}{N^2 D^2} \tag{8-17}$$

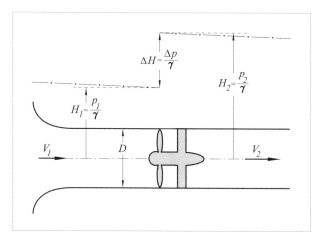

圖 8.17　套管軸流式抽水／風機之壓力變化示意圖

另外,前進俯仰距對直徑比 $V_0/(ND)$ 中之 V_0 可由 Q/A 來代替,並將其改稱為容量係數 C_Q,亦即:

$$C_Q = \frac{Q/D^2}{ND} = \frac{Q}{ND^3} \qquad (8\text{-}18)$$

至於軸流式機械的功率係數，因其所涉及之變數均與螺旋槳及風車者相同，故仍可引用式（8-10）之定義。效率仍以水流經抽水機作功後輸出功率與抽水機對水流輸入功率的比值來定義，故：

$$\eta_p = \frac{\gamma\, Q\Delta H}{P_{in}} = \frac{C_H C_Q}{C_P} \qquad (8\text{-}19)$$

典型的軸流式抽水機無因次性能曲線如圖 8.18 所示。對氣體流而言，雖然流力機組在結構上的考量顯然是不盡相同的，但上述無因次性能曲線都可以適用。

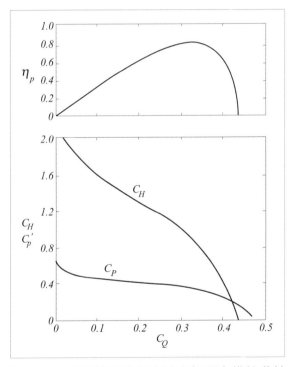

圖 8.18　典型軸流式抽水機之無因次性能曲線

任何一組性能曲線都是對應於一種葉片設計的特性，但是葉片設計亦可加以修改或調整，以適應各種不同運轉的需求。例如螺旋槳式水輪機組常由可調式葉片所構成，以便在一個相當大的容量範圍內維持高效率。另外，所有的軸流式機械都具備一個共同特點：在相對低水頭情況下，要有高流量。這裡也要再提醒，當軸流式抽水機換成軸流式水輪機時，效率的定義為水輪機經水流作功後輸出功率與水流對水輪機輸入功率的比值，故式（8-19）應改為 $\eta_T = C_P/(C_H C_Q)$。典型的軸流式水輪機無因次性能曲線如圖 8.19 所示。

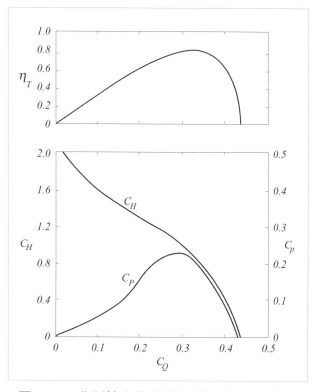

圖 8.19　典型軸流式水輪機之無因次性能曲線

2. 輻流式機械

在實務上，有許多種情況對流體機械的要求條件常是與上述軸流式機械相違背的，亦即在相對低流量情況下要求有高水頭（或壓差）。要滿足這樣的條件只有藉助輻流式風扇或吹風機、輻流式抽水機和法蘭西式水輪機。在這類機組裡面流向不像軸流式的那樣全是軸向流，而是幾乎完全是輻射狀的徑向流，例如圖 8.20 所示輻流式抽水機。在這種流況下，雖然個別葉片仍然可以就環流量、升力及阻力來加以分析，不過這裡採用一維分析法來處理軸對稱流況更為合適。

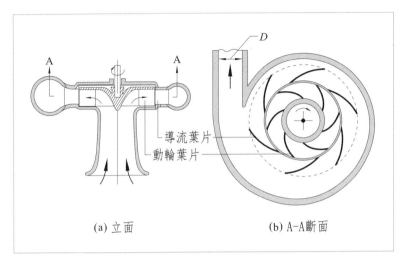

(a) 立面　　　　　　　　(b) A–A斷面

圖 8.20　輻流式抽水機構造示意圖

圖 8.21(a) 及 (b) 所示分別爲輻流式抽水機及水輪機的動輪葉片及導流葉片布置，兩者的不同在於動輪葉片的彎曲方向及流向均相反，但就一維分析法而言，這兩種機組是沒有什麼差異的。首先以抽水機來看，假設流體到達動輪葉片入口處以流速 V_1 及方向角 α_1 進入葉片，並且以流速 V_2 及方向角 α_2 離開動輪葉片出口處；入口處及出口處的半徑分別爲 r_1 及 r_2，葉片的寬度分別爲 b_1 及 b_2。顯然流經動輪的流量亦與流速的徑向分量有關，亦即：

$$Q = 2\pi \, r_1 b_1 V_1 sin\alpha_1 = 2\pi \, r_2 b_2 V_2 sin\alpha_2 \qquad (8\text{-}20)$$

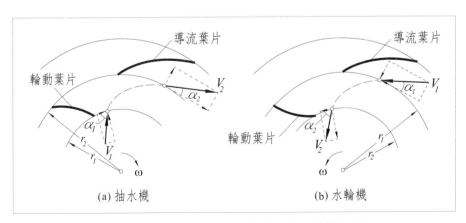

(a) 抽水機　　　　　　　　(b) 水輪機

圖 8.21　輻流式機械之動輪及導流葉片布置

在另外一方面，扭矩 T 則與流速的切向分量有關。令扭矩與角動量的變化率相等，並分別乘以角速度 ω，可得動輪對流體所作的功率 P_{in} 為：

$$P_{in} = T\omega = \rho QN(\Gamma_2 - \Gamma_1) \tag{8-21}$$

上式中 $N = \omega/2\pi$, $\Gamma_2 = 2\pi r_2 V_2 cos\ \alpha_2$ 及 $\Gamma_1 = 2\pi r_1 V_1 cos\ \alpha_1$；$\Gamma_2$ 及 Γ_1 分別為流體離開及進入動輪時繞著轉軸的環流量。事實上，$N(\Gamma_2 - \Gamma_1)$ 就是動輪對每單位水質量的作功率。由於是抽水機對水流作功，水流增加了能量，因而 $\Gamma_2 > \Gamma_1$。顯然半徑及切向速度變化愈大，Γ_2 與 Γ_1 差距就愈大，抽水機對水流輸入功率亦就愈大，功率輸入結果使水流的總水頭增加了 ΔH_P，因此輸出功率 P_{out} 可表為：

$$P_{out} = \gamma Q\Delta H_P \tag{8-22}$$

由式（8-21）及式（8-22）可得抽水機效率：

$$\eta_P = \frac{g\Delta H_p}{N(\Gamma_2 - \Gamma_1)} \tag{8-23}$$

事實上，從水流進入到離開抽水機的整個過程中，有許多種的水頭損失，包括葉片表面阻力、葉片上可能的流離、外殼、導流葉片及吸水管等相關之損失水頭 H_ℓ。因此，ΔH_P 是已經從輸入水頭扣掉損失水頭的結果，即 $\Delta H_P = N(\Gamma_2 - \Gamma_1)/g - H_\ell$ 就如同軸流式抽水機一般，輻流式抽水機之性能亦以流量係數、水頭係數及功率係數來表示。典型輻流式抽水機的性能曲線如圖 8.22 所示。

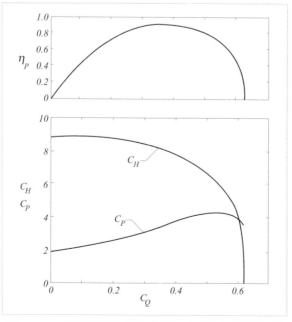

圖 8.22　典型輻流式抽水機之無因次性能曲線

依同樣的原理來看輻流式水輪機，水流所提供的水頭為 ΔH_T，其輸入功率為 $P_{in} = \gamma Q \Delta H_T$，經轉換成有效的輸出功率為 $P_{out} = \rho Q N(\Gamma_2 - \Gamma_1)$，其間差值為損失水頭，即 $\Delta H_T = N(\Gamma_1 - \Gamma_2)/g - H_\ell$，故輻流式水輪機的效率 η_T 為：

$$\eta_T = \frac{N(\Gamma_1 - \Gamma_2)}{g \Delta H_T} \tag{8-24}$$

典型輻流式水輪機的性能曲線如圖 8.23 所示。

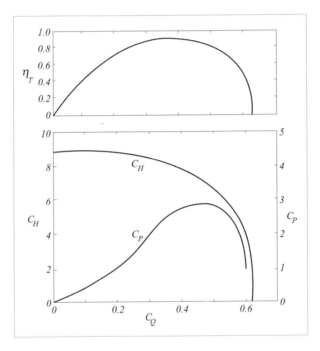

圖 8.23　典型輻流式水輪機之無因次性能曲線

就輻流式水力機械動輪葉片形狀而言，有一個很重要的要求可以由圖 8.21 的流速向量來呈現。為了使輻流式抽水機能夠在最高效率情況下運轉，在水流進入動輪葉片入口處，流速 V_1 的方向應儘量與徑向一致以讓 $\Gamma_1 \to 0$；而且動輪葉片形狀必須能使其出口處的水流相對流速向量與葉片末端的表面相切；同時水流也必須能夠平順進入導流葉片以避免流離現象發生。輻流式水輪機也是一樣，只要將水輪機動輪葉片入口處及出口處分別對應於抽水機動輪葉片出口處及入口處，即可以清楚了。這就是說水輪機葉片出口流速 V_2 的方向要設法儘量與徑向一致，以使 $\Gamma_2 \to 0$；同時葉片形狀應使相對速度向量與葉片出口表面相切，並且平順進入導流葉片。

　　由於這一類水力機械的葉片常是裝置在動輪上的固定位置，如此一來在操作上若採用非最佳狀態的轉速或流量時，就會導致流速條件無法符合既定的葉片入口與出口的角度，於是流離現象因而發生，結果就是增加損失水頭並降低運轉效率。

8.6 比速之意義

　　以一維分析法處理軸流式與輻流式流力機械，雖然在細節上有相當大差異，但是用於性能分析時，基本上卻是一致的。這可以從圖 8.18 與圖 8.21 或圖 8.19 與圖 8.22 的比較看得出來，不論軸流式或輻流式，同樣一套無因次參數都可以適用於性能曲線的表示。如前所述，其實這兩類流力機械在性能上的最大區別在於最高效率情況下之 C_Q 及 C_H 值的相對大小，也就是說軸流式為高流量低水頭，而輻流式為低流量高水頭。將 C_Q 與 C_H 兩者以某一種形式組合而使其中的直徑 D 消失，結果就是一個很方便的參數叫做比速 N_s，其定義為：

$$N_s = \frac{C_Q^{1/2}}{C_H^{3/4}} = \frac{N\sqrt{Q}}{(g\Delta H)^{3/4}} \tag{8-25}$$

　　由於 C_Q 及 C_H 本身均為無因次參數，所以 N_s 當然也是無因次參數。從式（8-25）來看，顯然輻流式為低 N_s 值，軸流式為高 N_s 值。當然在這兩者之間可以有各種不同程度的輻流式與輻流式的組合，使 N_s 值從小到大。這可以由各種不同型式的動輪葉片的設計與布置來達成，如圖 8.24(a)、(b) 及 (c) 所示，其最佳效率如圖中之曲線。

　　以上所討論各種不同類別的流力機械，除了它們相通的運轉基本原理之外，還有一些其他的共同特點值得在此一提：

(1) 任何封閉式或開放式的機組同樣會受到穴蝕或噪音干擾，因此其設計和運轉必須設法使這類干擾降到最低程度。

(2) 嚴格來說，無因次性能曲線只適用於特定設計及特定 R 值；在正常情況下運轉，因 R 值甚高而使黏性的影響可忽略；不過，在小尺度的模型試驗或在特低流量運轉時，可預期其效率較低。

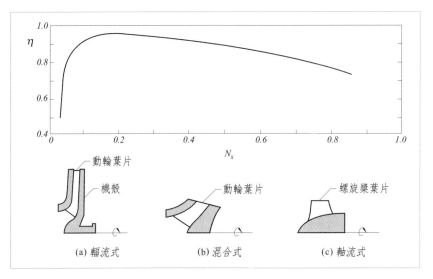

圖 8.24　抽水機從輻流式轉變至軸流式之最佳效率與 N_s 關係〔4〕

(3) 任何機組的率定效率必然涉及流體阻力與機械摩擦；後者在較小機組通常相對較高，因此即使 R 值相同，也就會顯現出小機組（模型）效率較低的結果。

(4) 爲清晰表達起見，此處所描述的機組可以說是以最簡單的形式呈現，其實機組也可以是組合式的，例如將個別機組串聯組建成梯級式，以便在同一流量下提高整體水頭；這在輻流式抽水機是常見的組合。

第九章　可壓縮性效應

9.1 彈性波之傳播

1. 彈性波速

　　通常在討論流體物性時會特別強調：液體相對於氣體而言是不可壓縮的，以致忽視了氣體、液體與固體都是同樣具有可壓縮性的介質。事實上只要承受了壓力，它們都會有或多或少體積變化。雖然流體與固體承受剪力會產生不同的行為，但是承受壓力時卻都可以同樣用體積彈性模數 E_v 來代表其受壓體積變化的物性。體積彈性模數的定義為壓力增量 dp 與相對體積變化量 $-d\forall / \forall$，或 dp 與相對密度變化量 $d\rho/\rho$，之間比例常數，即：

$$dp = E_v \left(-\frac{d\forall}{\forall} \right) = E_v \left(\frac{d\rho}{\rho} \right) \qquad (9-1)$$

　　如果壓力增量 dp「緩慢」地作用在物體上，則可假設此一壓力增量會相對快速地傳遍整個物體。壓力增量是壓力的波動，其於彈性介質中傳遞的速度，叫做彈性波速。實際上壓力波僅僅是以有限的彈性波速傳遞。不過，如果 dp 是「快速」地作用上去，可能物體上各個不同部位的受壓狀態會是相當不一樣的。這裡所謂「緩慢」或「快速」不是絕對的，而是由物體的大小以及彈性波在該物體中傳遞的速率而定。

　　一個孤立的微小壓力波在流體中傳遞速率如果可以維持不變，則其所到之處就會出現同一壓力增量 Δp，這就如同圖 7.7(a) 之水面波所到之處，水面高程會增加 $\Delta h (= \Delta p/\gamma)$ 的道理是一樣的。現在如果以速度 $V = c$ 疊加在以 $-c$ 傳遞水面波的流場，則流場變成一個恆定流狀態，如圖 7.7(b) 所示。由於恆定流沿程（x 方向）的柏努利總合 B_s 不變，即 $dB_s/dx = 0$，可得：

$$dp = -\rho c dc \qquad (9-2)$$

同時，由質量守恆原理，$d(\rho c)/dx = 0$，可得：

$$\rho dc + c d\rho = 0 \qquad (9-3)$$

將式（9-2）及（9-3）上兩式中的 dc 消去後可得：

$$c = \sqrt{\frac{dp}{d\rho}}$$ （9-4）

由式（9-1）知 $dp/d\rho = E_v/\rho$，將之代入上式（9-4）可得：

$$c = \sqrt{\frac{E_v}{\rho}}$$ （9-5）

上式指出，微小壓力波在彈性流體中的傳遞速率隨 E_v/ρ 而變，不是只依 E_v 而變。雖然液體的 E_v 值遠遠大於氣體的 E_v 值，但因為二者的 ρ 值也有很大的差異，所以它們的 c 值是相對比較接近的。水體的 c 值約為 1,433 m/s，而空氣中的 c 值約為 335 m/s。微小彈性波在流體中的傳遞速率其實是基礎物理學中的音速，不過在流體中的彈性波有時候會產生聲波以外的效應。事實上氣體流速是有可能超越音速的，這種流場稱為超音速流。雖然微小壓力波不可能逆向朝超音速流的上游方向傳遞，但高強度（亦即壓力增幅很大）壓力波的傳遞速率還是有可能大於超音速氣流的流速，而作逆向傳遞。相反地，超音速水流是不大可能出現的，因為產生這樣的超音速水流所需的能量是非常非常大的，而且水的壓縮性是很有限的。

2. 回波偵距

聲波在廣大的空氣中傳遞是氣體彈性行為的表現，其於傳遞過程中遇到障礙物時會反射回音。由於聲波在空氣中傳遞的速率為已知，因此只要量測一個感音器接收該聲波從出發點到障礙物反射回來的去回時間，就可以很容易地計算出二者之間的距離。事實上，利用雷達波在大氣中偵測飛行體或任何物體的基本原理與聲波反射回音原理是一樣的，不同的只是雷達波是以遠遠大於音速的光速傳遞而已。

在水下利用聲波的傳遞、反射與接收來量測距離或偵測物體位置的原理是和上述空氣中的聲波或雷達波偵測的原理是完全相同的。這種在水下利用聲波作測距或偵測的技術叫做聲納（sound navigation and ranging，簡稱 sonar）。這種技術最簡單的應用實例就是以回音測深儀來量測河川或湖泊的水深及其底床的地形。常用的是一組可以發射間歇性聲波的電子裝置對著底床發出脈衝式聲波，並在其附近設置一水下感音器來接收從底床回來的反射波，如圖 9.1 所示。從聲波發射時間及回音接收時間的紀錄，取得聲波回來時間 Δt 即可計算出水深 $y = c\Delta t/2$，

其中 c 爲聲波在水中的傳遞速率。

偵測潛艦的原理基本上和量測河川水深的原理是一樣的，只不過聲波發射是相繼地對著各個不同的方向，如果感音器接收到某一個方向來的回音就表示在該方向有潛艦或固體物存在，其距離也可以計算出來。利用水下聲波偵測潛艦與利用雷達波偵測飛行體的原理其實也是一樣的。

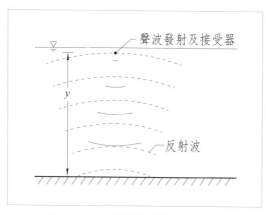

圖 9.1　水下聲波傳遞與反射

9.2 水錘現象

1. 壓力增量

在靜止狀態下的物體需要一個作用力來給予加速度，以將該物體帶到運動狀態；同樣地，在運動狀態下的物體也需要一個作用力來把它減速帶回靜止狀態。要將整個物體立即（$\Delta t = 0$）從靜止狀態推到某一個速度或從某一個速度改變成靜止狀態，在眞實的物理世界是不可能的，因爲這就必須有一個無窮大的作用力。因此，當二個在運動狀態下的物體面對面互撞的瞬間，只有在接觸面的表層立即停止，而在接觸面表層背後的各層因爲彈性壓縮的過程分別需要一小段時間（$\Delta t \neq 0$）來完成減速。

對於流體而言，上述的狀況同樣地可以適用，尤其是受固體邊界所拘限的流體。例如當管道中的水流受到下游閥門關閉而減速時，水流作用在閥門上的力量（以及閥門對水流的反作用力）隨閥門關閉比率而逐步增加。不過，即使是瞬時關閉，閥門上的作用力及反作用力並不會是無窮大的，因為管中的水體會由閥門處開始往上游逐步受到彈性壓縮而產生壓力波的傳遞，一直到整個管中的水體都在壓縮的狀態下。

由上述壓力波的角度來看，閥門未關閉之前的管道中水流狀態為恆定流。假設接於水庫的一段不很長的管道，其摩擦損頭可以忽略不計，閥門未關閉前之流速 V 及壓力 p_0 可由管道末端之閥門開度來調節，則其總水頭等於水庫的水頭 h_0，即 $h_0 = V^2/2g + p_0/\gamma$，如圖 9.2(a) 左半部所示；若閥門開度不大，則 $V^2/2g \ll p_0/\gamma$ 且 $p_0/\gamma \approx h_0$。在閘門瞬間關閉後所產生的水錘壓力增量 Δp 是以波速 c 往上游傳遞而成為非恆定流；壓力波傳到位置 x_1 之前，在 $x > x_1$ 區間的水流狀態還是沒受到影響，但在波後方（$x \leq x_1$）的水體因為受壓差 Δp 的阻擋而停止流動（$V = 0$）。壓力波前方未受壓縮的水體流速仍為 V，而在壓力波到達時，流速從 V 減為 0；

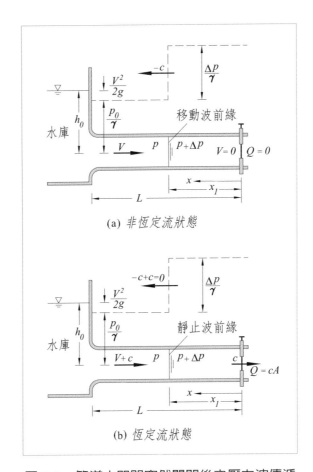

(a) 非恆定流狀態

(b) 恆定流狀態

圖 9.2　管道中閥門突然關閉後之壓力波傳遞

同時對應的壓力變化量爲 Δp。此一壓力變化量可以藉由連續方程式及動量方程式來推定，不過須先將圖 9.2(a) 中之非恆定流況依相對運動原理轉換成恆定流，如圖 9.2(b) 所示；若在此圖中取壓力波前緣斷面及前緣之後的斷面來看，則其連續方程式及動量方程式分別爲：

$$(\rho + \Delta\rho)cA - \rho(V + c)A = 0 \qquad (9\text{-}6)$$

及

$$-\Delta pA = (\rho + \Delta\rho)c^2A - \rho(V + c)^2A \qquad (9\text{-}7)$$

整理式（9-6）之後可得 $\Delta\rho = \rho V/c$，並將此 $\Delta\rho$ 關係式代入式（9-7）可得：

$$\Delta p = \rho Vc\left(1 + \frac{V}{c}\right) \qquad (9\text{-}8)$$

水體中彈性波的波速約爲 1,433 m/s，遠大於一般水流速度，亦即 $V/c \ll 1$，因此式（9-8）可以用下式近似之：

$$\Delta p = \rho Vc \qquad (9\text{-}9)$$

由於水體的壓力波傳遞速度很快，閥門突然關閉所造成的壓力增量 Δp 非常大。這種強大的壓力波在管道中傳遞往往產生巨大的噪音有如錘擊，故稱爲水錘現象。

從能量的觀點來看，在壓力波前緣每單位體積的流體原有動能爲 $\rho V^2/2$，而在其後方的動能爲 0；這個動能的變化必須等於壓力增量 Δp 對於水體壓縮所做的功，亦即彈性能。彈性能爲體積應變與應力的乘積，而體積應變爲 $-\Delta\forall/\forall$，應力爲壓縮過程中的平均壓差 $\Delta p/2$，故彈性能爲：

$$\frac{1}{2}\left(\frac{-\Delta\forall}{\forall}\right)\Delta p = \frac{1}{2}\left(\frac{\Delta p}{E_v}\right)\Delta p = \frac{1}{2}\frac{(\Delta p)^2}{E_v} \qquad (9\text{-}10)$$

上式所示的彈性能是由動能轉換來的，亦即：

$$\frac{(\Delta p)^2}{2E_v} = \frac{1}{2}\rho V^2 \qquad (9\text{-}11)$$

式（9-11）經整理並與式（9-5）聯合後，可得：

$$\Delta p = \rho V\sqrt{\frac{E_v}{\rho}} = \rho Vc \qquad (9\text{-}12)$$

由以上的簡單分析可知，不論是由動量或能量觀點切入，所得到的結果是一致的。

2. 壓力變化歷程

水錘現象的複雜性在於當壓力波往上游傳遞到水庫端時（$t_\ell = L/c$）會反射回來，反射波到達下游端關閉的閥門處也會再反射回去，如此不斷地來回反射直到彈性能消耗殆盡才會停止。在反射波來來往往的過程中，整個管道的水錘壓力變化歷程和其兩端的條件有密切關聯。若 $V^2/2g << h_0$，當圖 9.3(a) 所示的壓力波到達水庫時（$t = t_\ell$），則管內的壓力水頭全部都為水錘壓力水頭 $\Delta p/\gamma$ 加上 h_0，使得上游端的水開始由管內流向水庫；此時因管內壓力開始降低至與水庫靜水壓（γh_0）相同，成為一個降壓的反射波以速度 c 往下游傳遞，但管道末端壓力增量仍維持在 Δp 一直到反射波回到閥門處為止（$t = 2t_\ell$）。在 $t < t_\ell$ 期間，上游端入口處還沒受到第一個壓力波的影響，水庫的水仍然繼續以流速 V 進入管道中直至 $t = t_\ell$ 時為止，總共流入的水量為 $\Delta\forall = AVL/c$；這個 $\Delta\forall$ 全部被壓縮在管道中，其壓縮體積比（亦即體積應變）為 $\Delta\forall / \forall = (AVL/c)/(AL) = V/c$。由水庫反射回來的降壓反射波往下游方向傳遞，所到之處每一單位水體因降壓而膨脹回來的體積比為 V/c；因其波速為 c，故每秒鐘通過整個斷面的體積增量為 $(V/c)cA = Q$，亦即此增量以流速 $-V$ 往上游回流到水庫去，如圖 9.3(b) 所示。當 $t = 2t_\ell$ 反射波回到閥門處時，原在管中受壓縮的體積就已全部回流到水庫；由於其下游端已沒有被壓縮的水可以繼續膨脹來供應往水庫去的流量，因而在閥門處產生更低的負壓力，這個負壓力波往上游傳遞所到之處，管道中回流速度從 $-V$ 降為 0，水壓從 γh_0 下降 $-\Delta p = -\rho Vc$，如圖 9.3(c) 所示，一直到水庫端為止（$t = 3t_\ell$）；從 $2t_\ell$ 到 $3t_\ell$ 期間總共回流水量為 Qt_ℓ，一路上在負壓波後方都是 $V = 0$。此時水庫的靜水壓遠高於管道中的負壓，因而水又由水庫進入管道中且其壓力回到水庫水頭的靜水壓 γh_0，形成另一個正的壓力波，再反射朝下游方向傳遞，如圖 9.3(d) 所示。此時壓力波前緣的後方流速為 V。

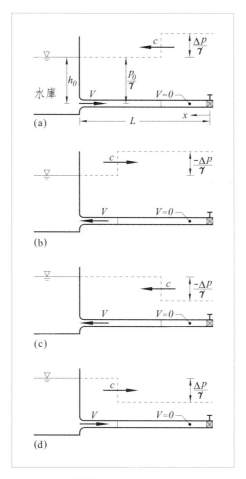

圖 9.3　閥門關閉引致水錘壓力波來回振盪

　　在正、負壓力波來回反射傳遞過程中，管道中不同位置的壓力變化歷程，如圖 9.4(a)～(c) 所示。由此圖可以看到以下三種情況：(1) 閥門關閉時，閥門端的壓力由約為 γh_0 突增 ρVc，其後每隔 $2t_\ell$ 時段有一次壓力突變，其變化量是以 γh_0 為基準的上下對稱，如圖 9.4(a) 所示；(2) 當 t = $t_\ell/2$、$3t_\ell/2$、$5t_\ell/2$、… 時，管道的中點位置（$x/L = 1/2$）會有同樣的正負壓力變化，但突變後的正、負壓力分別僅持續一個 t_ℓ 時段，其餘時段均維持基準壓力 γh_0，如圖 9.4(b) 所示；(3) 當 $t = t_\ell$、$3t_\ell$、$5t_\ell$、… 時，管道近水庫端有瞬間的正負壓力脈衝出現，其變化量亦是以 γh_0 為基準上下對稱；其餘時間均維持在基準壓力 γh_0，如圖 9.4(c) 所示。

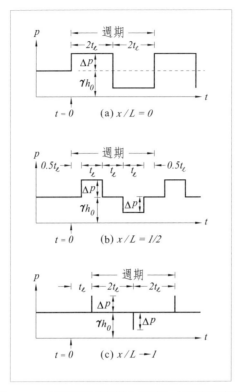

圖 9.4　水錘壓力波變化歷程（無摩擦損失）

3. 阻力之影響

　　以上的討論並沒有將流體黏性效應所產生的阻力因素納入考慮，而實際上黏性效應會影響水錘起始壓力 $\Delta p\ (= \rho Vc)$ 的大小，而且涉及到壓力波來回傳遞過程中的能量損耗。如圖 9.5 所示，由於阻力的關係導致水頭損失 h_f，故在閥門處的流速水頭 $V^2/2g = (h_0 - h_f) < h_0$，而水錘起始壓力是與閥門處的流速 V 成正比。在同樣的水頭 h_0 的條件下，管道末端的流速會隨 h_f 的增加而減少，因而 Δp 亦就隨 h_f 的增加而降低。

　　由於在閥門關閉之前管道沿程各個斷面的壓力及其體積受壓應變量均不相同。當閥門突然關閉時，雖然在閥門處的壓力增量 Δp 等於 ρVc，但此壓力波往上游傳遞到 x 處，其相對於 p_0 的壓力增量就會較 ρVc 為高，而且波前緣至閥門處的壓力增量亦隨著增加；由於各斷面原有不同的受壓體積應變量，因此壓力波前緣的後方水體仍會有殘餘水流速以補充波前緣至閥門之間的壓力增加所壓縮的水量。

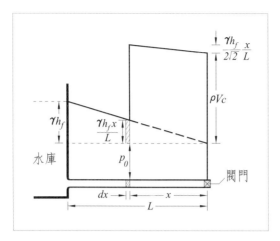

圖 9.5　摩擦損失對水錘壓力波之影響〔7〕

　　壓力波出現之前各斷面的原始壓力較閥門處高出 $\gamma h_f x/L$（見圖 9.5），而在管長 x 的平均壓力為 $\gamma h_f x/2L$；依式（9-10）可知，此段管長中的平均單位體積水的彈性能為 $(\gamma h_f x/2L)^2/2E_v$。壓力波從位置 x 再前進一小段距離 dx 至 $x + dx$ 處，假設小區段 dx 所含原有的彈性能平均分布到 x 區段上，使其壓力增至 p_i，則整個區段的彈性能增量為 $xd(p_i^2/2E_v)$。顯然原在 dx 小區段內所含彈性能必須等於平均分布於 x 區段內的彈性能增量，因此：

$$\frac{1}{2E_v}\left(\frac{\gamma\,h_f x}{2L}\right)^2 dx = xd\left(\frac{p_i^2}{2E_v}\right) \tag{9-13}$$

上式經過整理並積分後可得：

$$\frac{p_i}{\gamma} = \frac{h_f x}{2\sqrt{2}L} = \frac{h_f ct}{2\sqrt{2}L} \tag{9-14}$$

式（9-14）表明因壓力波向上游傳遞所到之處水流速驟降，因而摩擦的能量損失亦減少，並且進而轉換成彈性能使壓力增至 p_i；p_i 則隨波傳距離 x（或時間 t）成線性增加，一直到壓力波從水庫端反射回來到閥門處 $x = 2L$ 為止，此時 p_i 值為最大值 $\gamma\,h_f\big/\sqrt{2}$。當壓力增量 ρVc 變成負值時，相對應的 p_i 值亦為負。

　　依上述討論結果，將管道損失水頭納入考慮之後，水錘現象的壓力變化歷程就可加以修正。如圖 9.6(a) 所示，閥門處在第一個 $2t_\ell$ 時段內，壓力增量從 Δp 逐

漸上升到 $\Delta p + \gamma\, h_f / \sqrt{2}$；其後各個時段的壓力變化趨勢相似，但因能量損耗的關係，壓力增量逐漸降低。

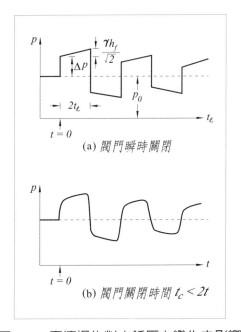

(a) 閥門瞬時關閉

(b) 閥門關閉時間 $t_c < 2t$

圖 9.6　摩擦損失對水錘壓力變化之影響

　　另外，還有一個影響水錘壓力振盪行為的因素，那就是閥門的關閉動作並無法在瞬間達成，而必需有一小段時間 t_c，稱為關閉時間；在 $t_c < 2t_\ell$ 條件下，最大壓力增量並不會受到 t_c 的影響，但壓力的增加是漸變而不是突變的，如圖 9.6(b) 所示。若 $t_c > 2t_\ell$，則由水庫反射降壓波會在閥門還沒完全關閉之前回到閥門處，使壓力未上升到最大值之前就開始下降變成負值。因此，相對於其慣性力而言，t_c 愈長就使水錘作用變得愈不重要。換言之，在一個重大水力電廠的閥門關閉或開啟快慢必須能主動控制到其水錘壓力變化不致使管道及相關設施的結構受力超過容許負荷。

9.3 震波現象

1. 馬赫數

依前數章所述,任何流體的物性對流場的影響都會經由無因次參數如 *F*、*R* 來修正 *E* 值。對於流體可壓縮性有關的無因次參數可採用單位慣性力($\rho V^2/\Delta L$)與單位彈性力($E_v/\Delta L$)的比值,即 $\rho V^2/E_v$,來代表可壓縮性效應在流場中相對於慣性效應的重要性。檢視這個比值可以發現其實就是 $(V/c)^2$。因此,定義**馬赫數**(Mach number)*M* 如下:

$$M = \frac{V}{\sqrt{E_v/\rho}} = \frac{V}{c} \qquad (9\text{-}15)$$

在幾何相似的條件下,就如同福祿數 *F* 可以做為重力波對流場作用的相似性準則,馬赫數可以是彈性波對流場作用的相似性準則。這些流場可以是通過固體邊界間的內部流或物體在流體中運動的外部流。基本上彈性波的每一個發展階段都有一個對應的重力波,包括亞臨界流、超臨界流、震波 … 等;每一階段都是以馬赫數為判定依據。

雖然水體的密度 ρ、彈性模數 E_v 及音速 c 幾乎不受壓力及溫度的影響,但在氣體中,ρ 及 E_v 顯然隨著壓力與溫度而變;然而在給定溫度的情況下,壓力對 ρ 及 E_v 的影響恰巧幾近互相抵消,而使 c 亦幾乎不受壓力的影響。以下就氣體中的音速來作進一步分析。

由於基本彈性波的壓力變化微小但快速,故伴隨而來的熱能變化可以視為絕熱狀態。對式(1-31)微分可得:

$$\frac{dp}{p} = k_r \frac{d\rho}{\rho} \qquad (9\text{-}16)$$

上式所對應的體積彈性模數為:

$$E_v = \frac{dp}{d\rho/\rho} = k_r p \qquad (9\text{-}17)$$

綜合式(9-17)、(9-5)及(1-30)可得:

$$c = \sqrt{\frac{k_r p}{\rho}} = \sqrt{k_r RT} \qquad (9\text{-}18)$$

由上式可知在絕熱狀態下氣體中的音速與絕對溫度 T 的開方根成正比，但卻不受 p 及 ρ 的影響。事實上，p 及 ρ 都會隨 T 而變，但二者的變化對 c 的影響有互相抵消的效果；因此可以說在絕熱狀態下，馬赫數與 ρ 無關。在試驗室作風洞試驗時，可以先固定流速 V 及溫度 T，然後調高壓力 p 使 ρ 增加，以增加 R（= $\rho VL/\mu$），但 M 不變，在試驗控制上有方便之處。當然在調整 R 值時也應注意到 ρ 的增加也可能使動力黏滯係數 μ 略為增加，但二者不會是線性關係。

2. 震波形態

前面所討論由管道中水流下游端閥門突然關閉所引致的彈性波，其傳遞就如同在一個原為靜止的水池中，以板面與水面成正交的一塊平板作來回擺動所引發的水面動波一樣。在河道中橋墩上游面或河道窄縮處所形成的水面駐波，其實是與通風管道或風洞高速流遇到斷面窄縮處的彈性駐波類似的。不過水面駐波（亦稱重力駐波）與彈性駐波有一個顯著的差別，那就是前者可以由肉眼看得見，而後者必須藉助特別照像技術來呈現通過彈性駐波前後的氣流密度變化。因為這個緣故，風洞中超音速試驗常可用水槽以水面駐波作輔助試驗。

不論是重力波或彈性波，在恆定流的情況下其所形成駐波的幾何特性可以用一系列間歇性脈衝干擾來形成。例如河中橋墩的駐波形狀可在試驗水槽恆定流中安裝一根適當比例的細棍來觀測，當然這樣的駐波形狀不會隨時間改變。不過，換一個方式來思考，這個駐波也可以由一連串細短棍在同一地點陸續插入的動作來形成，每次插入時形成一正波；如果插入的動作非常快速，則各個短暫的非恆定流況就疊合形成實質的恆定流況。事實上，細短棍插入動作的意義是表示外力對水流連續不斷地干擾，因而固定在水流中的細棍也就是連續不斷的干擾源。

現在就四種不同水流速對水面干擾波速比值 V_0/c 情況下，陸續出現的水面波傳遞形態略作說明：(1) 當 $V_0/c = 0$ 水體為靜止時，在各不同時刻（例如 $t = 0, 1, 2, 3, \cdots$ 秒）產生的水面波就是以干擾源為中心的一系列同心圓；如果水面波發生的時間距很短，則其影響就如同將一根細棍固定在靜水池中，使水面升高的量為其浸沒於水中的體積除以水池的面積，是微小的；(2) 當 $0 < V_0/c < 1$ 時，每個時刻所產生的水面波會隨著水流移動，因而形成一系列不同心的圓，其間隔往下游方向增大，往上游方向減小，如圖 9.7(a) 所示；(3) 當 $V_0/c = 1$（亦即 $F = 1$）時，波速等於流速，往上游方向傳遞的水面波不可能超越干擾源所在位置，因此所有的

圓均相切於與經過此處之流線成正交的法線，也就是水面波效應集中使水面突然升高的位置，稱之為震波前緣線，如圖 9.7(b) 所示；(4) 當 $V_0/c > 1$ 時，所有的水面波都往下游傳遞，而且左右各有一條震波前緣線分別與水流方向形成一個銳角 $\beta = sin^{-1}(c/V_0) = sin^{-1}(1/F)$，如圖 9.7(c) 所示。就彈性波而言，上述 (1) 到 (4) 的情況同樣可以適用，但 $\beta = sin^{-1}(1/M)$。震波前緣線後方的壓力大幅增加；前述水錘現象亦是一種震波。

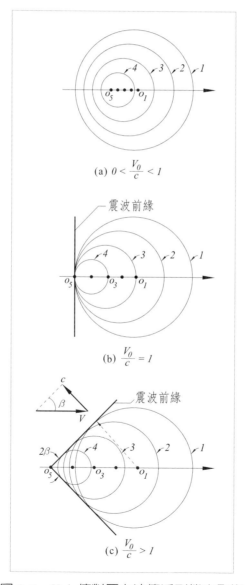

圖 9.7　V_0/c 值對壓力波傳遞型態之影響

　　圖 9.7(c) 所示情況的干擾是以多個短細棍在一個定點分別於不同時刻相繼插入水中的；若插入時刻間隔甚短，則可以視同一個固定的點干擾源所形成的二條震波前緣線。當二個點干擾源並排放在流場中如圖 9.8(a) 之 B 及 E 點，分別各有二條震波前緣線，其間相鄰二條相交於 F 點，交點下游方向延伸的震波前緣線由於疊加結果使水深（或壓力）增量加大，因而波速較高。波速增加使 β 角亦隨著增加，因此交點 F 會略為往前移至 F′ 點，疊加後的震波前緣線也跟著往上游移至 BF′E。

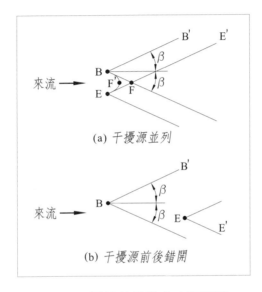

(a) 干擾源並列

(b) 干擾源前後錯開

圖 9.8　震波前緣線之交互影響

　　如果二個點干擾源是上下游錯開，使下游者落在上游者的震波前緣線後方，如圖 9.8(b) 所示的干擾源 E。由於在這個位置產生的二條震波前緣線即使能與干擾源 B 的震波前緣線相交也會是在下游很遠處，因此不致於有疊加的震波前緣線往上游移至干擾源附近的情形。

　　事實上，不論是橋墩或其他結構體都有一定的大小與形狀，在考慮震波問題時，若將整個結構體視為一個點干擾源，則結果可能會失準。因此，較合理的處理方式是將結構體周邊視為由許多干擾源所組成。例如圖 9.9(a) 及 (b) 所示為二種可能的橋墩或航／飛行體的形狀，其一之上游部位為尖銳三角形的尖鼻物體，另一為單純矩形的鈍鼻物體。

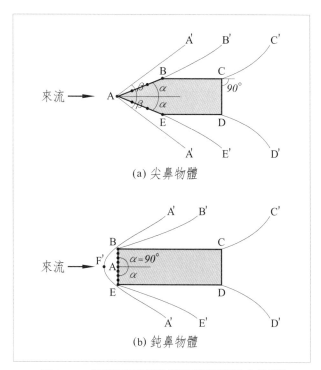

圖 9.9　物體鼻頭形狀對震波型態之影響

　　第一種尖鼻物體（橋墩）斷面的鼻頭點兩側邊界往下游形成一銳角 2α，亦即兩側邊界分別與來流方向成 α 及 $-\alpha$ 的交角，而且 $\alpha < \beta$，如圖 9.9(a)。因為鼻頭點以下的邊界均在震波前緣線的後方，故波前緣線的位置不受其影響，而是由鼻頭點上的干擾源所決定。當來流穿過震波前緣線之後，因為結構體邊界 AB 段偏向流場，逼迫流線也轉向而使正波前緣線 AA′ 水位抬高不少；到 B 點之後邊界 BC 轉一個 α 角偏離流場，因而使水位降低成為負波 BB′；到 C 點之後邊界轉 90° 更偏離流場，使水位降得更低而成為負波 CC′。在此情況下橋墩所受拖曳力為 $F_D = \gamma \Delta h b L$，其中 L 為橋墩浸沒高度；b 為橋墩寬度；Δh 為橋墩鼻頭點與其後方之間的水位落差，為 F 的函數。

　　第二種鈍鼻物體（橋墩）斷面的鼻頭點的兩側邊界的夾角為 $2\alpha = 180°$，亦即等於是第一種斷面的 B、E 二點向前移到與 A 點並排，原在 A 點兩側的震波前緣線的後方 AB 及 AE 上面的干擾源也都移到與 A 並排。

　　在多個點干擾源並排的情況下，就會有多個如同圖 9.8(a) 所示疊加效應，結果使彼此交互影響後的震波前緣線，以較大幅度往上游移至干擾源前方，如圖

9.9(b) 所示 BF'E，而且疊加後的波高比單一干擾的波高大爲增加。因此並排的每一根細棍的受力要較單獨一細短棍者大幅增加。當邊界在 B 點轉 90° 偏離 AB 段的流場時，同樣也會產生水位降低的負波 BB'；而這個 90° 轉向較第一種斷面的 α 大很多，因此第二種斷面的負波 BB' 的水位下降也相對大很多。到 C 點之後邊界再次轉 90° 使水位更進一步下降而成負波 CC'。總體而言，第二種橋墩前方與後方的水位落差會較第一種橋墩者大很多，因此橋墩受力也會大很多。

由於重力波與彈性波的傳遞行爲完全相似，故將福祿數 F 換成馬赫數 M，水深換成壓力 p，並把橋墩換成飛行體，則以上所討論的重力波對橋墩拖曳力的力學特性，就可以適用於彈性波對飛行體阻力的情況。圖 9.10 所示爲二種不同形狀的飛行體阻力係數 C_D 隨馬赫數 M 的變化，特別是在 M 趨近及大於 1.0 的情形下，由上述橋墩受力的分析結果來看，就可很容易了解其力學特性。有一點特別值得一提的是超音速飛行體流線形化的重點部位是在其上游端而不像一般情況的重點在下游端。顯然地，在超臨界流（$F > 1$）的情況下，橋墩的流線形化重點部位也應在上游端。

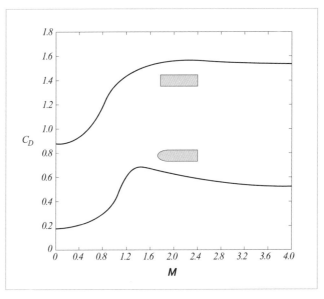

圖 9.10　超音速飛行體之阻力係數〔6〕

9.4 氣體壓縮引致之誤差

1. 理想氣體方程式

　　雖然由理論上或實務上來看，有很多流體運動的現象不論在液體或氣體都具相同的特性，但是液體特有的自由表面是氣體所沒有的；不過大氣中的冷氣團在暖氣團之下的運動現象卻與「自由表面」現象有相當程度的相似性。在另一方面，氣體則具有隨壓縮／膨脹而來的熱效應，而這是液體所沒有的。

　　對於這種熱效應的探討已經超越流體力學的範疇，而是另一個學科叫做熱動力學的基礎。這兩個學科之間的界限在於工程應用上熱效應是否可以略而不計。為能確定在不考慮熱效應情況下可能導致的誤差，仍需借助於熱動力學的一些基本原理，最主要也就是理想氣體定律，即式（1-30）。嚴格而言，沒有真正的理想氣體，但是式（1-30）可以近似適用於遠離液相狀態的真實氣體。

　　在溫度固定的情況下，由式（1-30）可知 ρ 是與 p 成正比，即：

$$\frac{p}{p_0} = \frac{\rho}{\rho_0} \tag{9-19}$$

其中下標 0 表示基準斷面的狀態。在另外一方面，如果氣體在壓縮或膨脹過程中，沒有摩擦阻力，而且每一個流體元素的熱能含量維持不變，亦即在沒有與外界發生熱交換的絕熱狀態下，則由式（1-31）可知：

$$\frac{p}{p_0} = \left(\frac{\rho}{\rho_0}\right)^{k_r} \tag{9-20}$$

其中 k_r 為定壓狀態下比熱對定溫狀態下比熱的比值。

　　不論是在等溫或絕熱狀態下，只要氣體的壓力一改變就會產生一個對應的密度變化，所以接下來的課題就是：什麼樣的變化程度可以略而不計。

2. 等溫狀態下之管道流

　　在均勻管道流中，由於管壁阻力的關係，壓力往下游方向逐漸遞減，因而導致密度亦隨著降低。在這種情況下，流速必須沿程增加，才能維持各個斷面通過相同的質量通量；由於流速沿程漸增，壓力必須配合更進一步下降以滿足位變加速的要求。換言之，沿程的壓力變化是管壁阻力及加速度的綜合效應。

　　就一般情況而言，當馬赫數 $M < 0.3$（亦即 $M^2 \ll 1$）時，伴隨變位加速度所

需壓差（$= \rho V dV$）較管壁阻力所引致壓差小很多，故將其影響略而不計 [14]。如果管壁不是絕熱的，則管道中流動的氣體為定溫且因而其動力黏性係數亦為定值。同時，由於管道中的氣體質量通量 ρQ（$= \rho V A$）及管徑 D 是給定的，因此 $\rho V = \rho_0 V_0$，R（$= \rho V D/\mu = \rho_0 V_0 D/\mu$）亦為定值；並且引入式（9-19）後，可得：$p/p_0 = \rho/\rho_0 = V_0/V$。在這些條件之下，管道流沿程的壓力梯度變化可寫成：

$$-\frac{p}{p_0}\frac{dp}{dx} = f \frac{\rho_0 V_0^2}{2D} \tag{9-21}$$

將上式從 $x = 0$ 積分至 $x = L$，並令 $\Delta p = p - p_0$，且將結果加以整之後可得：

$$-\Delta p \left(1 + \frac{1}{2}\frac{\Delta p}{p_0}\right) = f \frac{L}{D}\frac{\rho_0 V_0^2}{2} \tag{9-22}$$

上式等號右側為未考慮密度沿程變化情況下管長 L 兩端之間的壓差 $-\Delta p^*$，故可將其改寫成：

$$\frac{\Delta p}{p_0}\left(1 + \frac{1}{2}\frac{\Delta p}{p_0}\right) = \frac{\Delta p^*}{p_0} \tag{9-23}$$

式（9-23）為 $\Delta p/p_0$ 的二次式，其解為：

$$\frac{\Delta p}{p_0} = -1 + \left(1 + 2\frac{\Delta p^*}{p_0}\right)^{1/2} \tag{9-24}$$

由於 Δp 及 Δp^* 皆為負值且 $-\Delta p/p_0 < 1$，故上式的開方根項取 $+$ 號。在 $-\Delta p^*/p_0 \ll 1$ 的情況下，開根方項以無窮級數展開可得：

$$\frac{\Delta p/p_0}{\Delta p^*/p_0} = 1 - \frac{1}{2}\frac{\Delta p^*}{p_0} + \cdots \tag{9-25}$$

由於 Δp^* 為負值，式（9-25）表明考慮密度沿程變化的結果，管長 L 兩端之間的壓差較未考慮密度變化者為高，如圖 9.11 所示。例如在 $-\Delta p^*/p_0 = 0.10$ 的情況下，$\Delta p/p_0 = 1.05\Delta p^*/p_0$。換言之，以相對壓差 $-\Delta p^*/p_0$ 當做 $-\Delta p/p_0$ 的結果是低估了約 5%；這樣的誤差在實務上應該可以接受的。其實，若 $\Delta p^*/p_0$ 為已知，則可直接由式（9-24）求得 $\Delta p/p_0$ 值。

在實務上，式（9-25）可用於較長之通風管道流速及壓力變化分析。應用式（9-25）時必須嚴守 $-\Delta p^*/p_0 \ll 1$ 的條件；如果 L 太長，可以分段計算，以確保其精確度。這裡要特別提醒，以上推導結果在 $M < 0.3$ 條件才可適用。

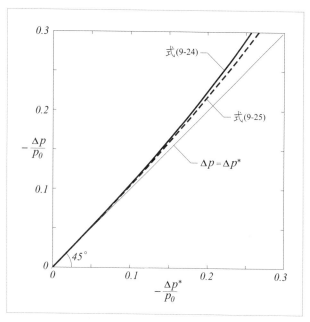

圖 9.11　均勻管道等溫氣體流之壓差修正係數〔14〕

3. 無摩擦絕熱狀態下之加（減）速流

　　如果氣體流是在管道束縮段或擴張段急劇加速或減速情況下，氣體的壓縮或膨脹過程並不會涉及到每單位質量熱含量的變化，也就是說因黏性效應所導致的熱傳導可以忽略而成為絕熱狀態。在此情況下，沿程的壓力變化是因加速（或減速）而引起，亦即運動方程式可以簡化：

$$-\frac{dp}{dx} = \rho V \frac{dV}{dx} \tag{9-26}$$

上式中之 dp/dx 項可以改寫成 $(dp/d\rho)d\rho/dx$，而且由式（9-4）可知 $dp/d\rho = c^2$，因此式（9-26）變成 $dp/dx = -\rho(V/c^2)dV/dx$。將此一關係代入連續方程式 $d(\rho VA)/dx = 0$，並經整理後可得下列關係 [3]：

$$\frac{1}{V}\frac{dV}{dx} = \frac{1}{(\boldsymbol{M}^2 - 1)}\frac{1}{A}\frac{dA}{dx}$$

由上式可獲得很重要的資訊：當 $M < 1$ 時，若管道為束縮段 $dA/dx < 0$，則 $dV/dx > 0$，如圖 9.12(a)；若管道為擴張段 $dA/dx > 0$，則 $dV/dx < 0$，如圖 9.12(b)。當 $M > 1$ 時，不論管道是束縮或擴張段，dV/dx 與 dA/dx 同為正號或同為負號。

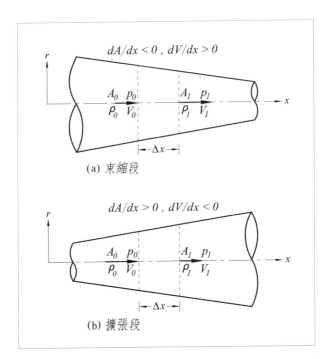

圖 9.12　非均勻管道無摩擦絕熱氣體流示意圖〔14〕

　　綜合而言，在 $M < 1$ 的情況下，因 dA/dx 及 dV/dx 之正、負號相反，故由連續方程式可以得知其對 $d\rho/dx$ 的影響有互相抵消的效果 [14]；但在當 $M > 1$ 的情況下，dA/dx 及 dV/dx 二者同為正或同為負，其對 $d\rho/dx$ 的影響則有累加的效果，可能涉及震波現象，已非屬本文探討範圍。因此，以下就侷限於當 $M < 1$ 的情況下來討論。

　　在沒有摩擦阻力且為絕熱狀態之下，由式（1-31）可知 $p/p_0 = (\rho/\rho_0)^{k_r}$。將此關係引入式（9-26）後對 x 積分並加以整理，可得：

$$-\frac{p_0}{m_r}\left[\left(1+\frac{\Delta p}{p_0}\right)^{m_r}-1\right] = \frac{\rho}{2}(V^2 - V_0^2)\qquad（9\text{-}27）$$

其中 $\Delta p = p - p_0$；$m_r = 1 - 1/k_r$；等號右側為未考慮密度沿程變化情況下，因加速所致之壓差 $-\Delta p^*$。在 $|\Delta p/p_0| \ll 1$ 條件下，將等號左側括號內的 $(1 + \Delta p/p_0)^{m_r}$ 項以無窮級數展開並取至第三項，可得：

$$\left(\frac{\Delta p}{p_0}\right)^2 - 2k_r\frac{\Delta p}{p_0} = -2k_r\frac{\Delta p^*}{p_0}\qquad（9\text{-}28）$$

式（9-28）同樣是 $\Delta p/p_0$ 的二次式，其解爲：

$$\frac{\Delta p}{p_0} = k_r \left[1 - \left(1 - 2\frac{\Delta p^*}{p_0} \right)^{1/2} \right] \tag{9-29}$$

由於 Δp 及 Δp^* 同爲負值（束縮段）或同爲正值（擴張段），而且 $k_r (= 1.4)$ 爲正值，故式（9-29）開方根項取負號。在 $|\Delta p^*/p_0| \ll 1$ 的情況下，開方根項以無窮級數展開可得：

$$\frac{\Delta p/p_0}{\Delta p^*/p_0} = 1 + \frac{1}{2k_r}\frac{\Delta p^*}{p_0} + \dots \tag{9-30}$$

上式表明，在束縮段 $\Delta p^*/p_0 < 0$ 的情況下，以未考慮密度沿程變化的相對壓差 $-\Delta p^*/p_0$ 當做 $-\Delta p/p_0$，將會導致高估的結果，如圖 9.13(a) 所示。例如當 $\Delta p^*/p_0 = -0.14$ 時，可由式（9-30）推得：$\Delta p/p_0 = 0.95\Delta p^*/p_0$。換言之，$\Delta p^*/p_0$ 必須乘以 0.95 才是正確的 $\Delta p/p_0$，也就是以 $-\Delta p^*/p_0$ 當 $-\Delta p/p_0$ 約高估了 5%。在擴張段 $\Delta p^*/p_0 > 0$ 的情況下，以 $\Delta p^*/p_0$ 當作 $\Delta p/p_0$ 將導致低估的結果，如圖 9.13(b) 所示。

這裡同樣亦要提醒，在式（9-29）及（9-30）的推導過程中，均有 $|\Delta p^*/p_0| \ll 1$ 的假設條件。因此，在應用此二式時必須嚴守此一條件。必要時，可將斷面變化段分成若干小段，逐段分別計算，以確保精確度。在實務上，式（9-29）及式（9-30）除可用於管道斷面積劇變之氣體流壓力及流速變化分析外，亦可作爲測壓計量測流速之動壓差修正之用。另外，亦應注意式（9-29）及（9-30）要在 $M < 1$ 的條下才適用，故計算過程並隨時檢視 M 值。

3. 小語

(1) 均勻管道等溫氣體流因摩擦阻力而致沿程有壓降及加速之現象。分析結果顯示在 $M \ll 0.3$ 情況下，加速效應可略而不計，因此可將運動方程式簡化成僅包含壓力項及摩擦阻力項。

(2) 在上述第 (1) 點的條件下，若未考慮密度沿程變化之效應，則給定管長兩端之壓降計算結果會偏低，如式（9-25）所示。

(3) 在無摩擦阻力、絕熱情況下且 $M < 1$ 時，若未考慮密度沿程變化之效應，則給定束縮（或擴張）段斷面積沿程減量（或增量）的情況下，壓降（或壓升）計算結果會偏高（或偏低），如式（9-30）所示。

(4) 式（9-25）及（9-30）之等號右側可視爲壓差修正係數，用以修正未考慮密度沿程變化之效應。正確的壓差亦可由式（9-24）及（9-29）分別求得。

(5) 在無摩擦阻力、絕熱的情況下，當 $M > 1$ 時，管道斷面變化段氣體流之壓力隨斷面積同步減少或同步增加，因而可能導致密度沿程劇變的震波現象，上述第 (4) 點之修正係數已不適用。

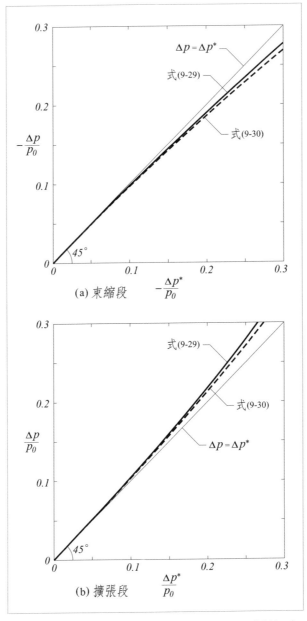

圖 9.13　管道無摩擦絕熱氣體流之壓差修正係數〔14〕

附錄一 參考文獻

1.Chow, V. T., "Open-Channel Hydraulics," McGraw-Hill Book Co., Inc., New York, 1959.

2.Daugherty, R. L, & Franzini, J. B., "Fluid Mechanics with Engineering Applications," McGraw-Hill Book Co., Inc., New York, 1977.

3.Hendreson, F. M., "Open Channel Flow," Macmillan Co., New York, 1966.

4.Roberson, J. A. & Crowe, C. T., "Engineering Fluid Mechanics," 6th ed., John Wiley & Sons, Inc., New York, 1997.

5.Rouse, H., "Fluid Mechanics for Hydraulic Engineers," Dover Publications, Inc., New York, 1938.

6.Rouse, H., "Elementary Mechanics of Fluids," John Wiley & Sons, Inc., New York, 1946.

7.Rouse, H. ed., "Engineering Hydraulics," 4th ed., John Wiley & Sons, Inc., New York, 1964.

8.Sabersky, R. H. & Acosta, A. J., "Fluid Flow," Macmillan Co., New York, 1964.

9.Vennard, J. K. & Street, R. L., "Elementary Fluid Mechanics," 5th ed., John Wiley & Sons, Inc., New York, 1976.

10.Young, D. F., Munson, B. R. & Okiishi, T. H., "A Brief Introduction to Fluid Mechanics," John Wiley & Sons, Inc., New York, 1997.

11. 顏清連，「論流場重力效應與相似性」，台灣水利，第62卷，第2期，2014年6月。

12. 顏清連，「論流場不穩定性及紊流基本概念」，台灣水利，第62卷，第3期，2014年9月。

13. 顏清連，「再探渠流阻力係數與水力半徑之關係」，台灣水利，第62卷，第4期，2014年12月。

14. 顏清連，「管道氣體流可壓縮性引致誤差之分析」，農業工程學報，第60卷，第4期，2014年12月。

附錄二　中英名詞對照表

一劃

一維分析法	one-dimensional analysis

二劃

二次流	secondary flow
二維流	two-dimensional flow
力矩	moment

三劃

下洗	down wash

四劃

內部流	internal flow
內聚力	cohesion
分流速	component of velocity
分壓	partial pressure
切向加速度	tangential acceleration
升力	lift
升力係數	lift coefficient
反射波	wave reflection
孔口	orifice
尤拉方程式	Euler equations
尤拉數	Euler number
引致阻力係數	induced drag coefficient
文托利	G. Venturi
比重	specific gravity
比重量	specific weight
比能水頭	specific head

比速	specific speed
比熱	specific heat
水力半徑	hydraulic radius
水面線	water surface profile
水輪機	water turbine
水頭損失	head loss
水錘	water hammer
水躍	hydraulic jump
牛頓流體	Newtonian fluid

五劃

功率	power
功率係數	power coeffieient
卡門 - 雄荷方程式	Karman-Schoenherr equation
卡爾文	Lord Kelvin
可調式葉片	adjustable blade
可壓縮性	compressibility
史托克斯方程式	Stokes equation
外部流	external flow
失托	stall
尼柯拉斯	J. Nikuradse
布勒西亞斯	P. Blasius
皮托管	Pitot tube
穴蝕	cavitation
穴蝕指標	cavitation index

六劃

交替水深	alternate depth
共軛水深	conjugate depth
合流速	total velocity

名目俯仰距	nominal pitch
向心加速度	centrifugal acceleration
自由表面	free surface
自由渦流	free vortex

七劃

伯努利方程式	Bernoulli equation
位能	potential energy
位能水頭	potential head
位變加速度	convective acceleration
克希荷夫	G. Kirchhoff
吸水管	draft tube
均勻流	uniform flow
均方根	root mean square (rms)
尾跡區	wake region
尾端	trailing edge
局部加速度	local acceleration
扭矩係數	torque coefficient
攻角	angle of attack
束縮係數	contraction coefficient
步推積分法	step-by-step integration method
角動量方程式	equation of angular momentum
角動量通量	angular momentum flux
角動量變化率	rate of change of angular momentum
角變率	rate of angular deformation

八劃

孤立波	solitary wave
弦長	chord
性能曲線	characteristic curve

拉格朗其觀點 Lagrangian viewpoint

拋物線型流速分布 parabolic velocity distribution

拖曳力 drag

拖曳力係數 drag coefficient

明渠流 open channel flow

法線 normal line

法蘭西式水輪機 Francis turbine

波伊瑞里方程式 Poiseuille equation

波前緣 wave front

物性 physical property

空腔 air chamber

表面力 surface force

表面拖曳力 surface drag

表面張力 surface tension

阿基米得 Archimedes

附著力 adhesion

非均勻流 non-uniform flow

非恒定流 unsteady flow

非旋流 irrotational flow

九劃

前進俯仰角 angle of advance

前進俯仰距 effective pitch

恒定流 steady flow

挑水墩 deflector

柯爾布魯克 C. Colebrook

洪水波 flood wave

洪水演算 flood routing

流回點 reattachment point

流性 flow characteristics

流速	velocity
流速水頭	velocity head
流速梯度	velocity gradient
流場	flow field
流量	discharge
流量係數	discharge coefficient
流量率定曲線	discharge rating curve
流網	flow net
流線	stream line
流線形態	streamline pattern
流線管	stream tube
流離	flow separation
流離點	separation point
重力波	gravity wave
重力流	gravity flow
韋伯數	Weber number
首端	leading edge

十劃

原型	prototype
容量係數	capacity coefficient
射流	jet
差分方程式	finite difference equation
庫頁特流	Couette flow
徑線	path line
振盪週期	period of oscillation
振盪頻率	frequency of oscillation
效率	efficiency
時標線	time-marking line
時線	time line

十一劃

動輪葉片	impeller vane
動輪葉片	runner blade
動壓	dynamic pressure
密度	density
密度場	density field
強制渦流	forced vortex
控制面	control surface
控制體	control volume
推進力	thrust
推進力係數	thrust coefficient
旋形體	body of revolution
旋轉流	rotational flow
曼寧	R. Manning
深水波	deep water wave
淺水波	shallow water wave
理想流體	ideal fluid
理想氣體	ideal gas
粗糙度	roughness
終極沈降速度	terminal fall velocity
組合渦流	combined vortex
通用氣體常數	universal gas constant
速度場	velocity field
連續方程式	continuity equation

十二劃

堰流	weir flow
場域	field
幅合	convergence
幅散	divergence
幾何俯仰距	geometric pitch

普朗特	L. Prandtl
渦度	vorticity
測壓管水頭	piezometric head
測壓管水頭梯度	piezometric-head gradient
測壓管水頭損失	piezometric-head loss
湧浪	surge
焦可斯基	N. Joukowsky
等值砂粒徑	equivalent sand roughness
等勢線	equi-potential line
等溫狀態	isothermal condition
絕熱狀態	adiabatic condition
超音速流	supersonic flow
軸流式機械	axial flow machinery
馮米西斯	R. von Mises
損失水頭係數	head loss coefficient
溢洪道	spillway
滑動流路	slipstream
煙線	streak line
葉片俯仰角	blade angle
葉片溜移	slip of blade
運動方程式	equation of motion
運動漩渦黏性係數	kinematic eddy viscosity, coefficient of
運動黏性係數	kinematic viscosity, coefficient of
達西 - 威士巴赫阻力係數	Darcy-Weisbach resistance coefficient

十三劃

閘流	gate flow
雷諾茲數	Reynolds number
對數型流速分布	logarithmic velocity distribution

十四劃

滯點	stagnation point
滯點壓力	stagnation pressure
漩渦	eddy
漩渦強度	vortex intensity
漩渦黏性	eddy viscosity
漩渦黏性係數	eddy viscosity
漸變流	gradually-varied flow
福祿數	Froude number
蒸汽壓	vapor pressure

十五劃

噴嘴	nozzle
層流	laminar flow
層流次層	viscous sublayer
層流邊界層	laminar boundary layer
彈性波	elastic wave
彈性波速	elastic wave speed
彈性能	elastic energy
數值解	numerical solution
模型	model
模型試驗	model test
線動量	linear momentum
線動量變化率	rate of change of linear momentum
線積分	line integral
蔡希	A. de Chezy
衝量	impulse
銳緣堰	sharp-crested weir
震波	shock wave
導流葉片	guide vane

螺旋槳式抽水機	propeller pump
螺旋槳葉片	propeller blade
隱式法	implicit method
黏性	viscosity
黏剪力	viscous shear
藍金渦流	Rankine vortex

十八劃

邊界層	boundary layer
邊界層理論	boundary layer theory

十九劃

關閉時間	time of closure

廿一劃

驅動力	driving force

廿三劃

變形	deformation
變形拖曳力	deformation drag
變形率	rate of deformation
顯式法	explicit method
體內力	body force
體形拖曳力	form drag
體積彈性模數	bulk modulus of elasticity

附錄三 索 引

國家圖書館出版品預行編目資料

實用流體力學／顏清連著. －－初版.－－臺
北市：五南，2015.01
　　面；　公分
ISBN 978-957-11-7964-3 (平裝)
1. 流體力學
332.6　　　　　　　　　　103026676

5G31

實用流體力學

作　　　者 — 顏清連（407.5）

發 行 人 — 楊榮川

總 編 輯 — 王翠華

主　　　編 — 王正華

責任編輯 — 金明芬

封面設計 — 童安安

出 版 者 — 五南圖書出版股份有限公司

地　　　址：106台北市大安區和平東路二段339號4樓

電　　　話：(02)2705-5066　　傳　　　真：(02)2706-6100

網　　　址：http://www.wunan.com.tw

電子郵件：wunan@wunan.com.tw

劃撥帳號：01068953

戶　　　名：五南圖書出版股份有限公司

台中市駐區辦公室／台中市中區中山路6號

電　　　話：(04)2223-0891　　傳　　　真：(04)2223-3549

高雄市駐區辦公室／高雄市新興區中山一路290號

電　　　話：(07)2358-702　　傳　　　真：(07)2350-236

法律顧問　林勝安律師事務所　林勝安律師

出版日期　2015年1月初版一刷

定　　　價　新臺幣360元